江西九连山
珍稀保护植物图谱

梁跃龙　金志芳　廖海红　谢宜飞　主编

中国林业出版社
China Forestry Publishing House

图书在版编目（CIP）数据

江西九连山珍稀保护植物图谱 / 梁跃龙等主编. ––北京 : 中国林业出版社, 2022.12
ISBN 978-7-5219-2081-9

Ⅰ. ①江… Ⅱ. ①梁… Ⅲ. ①珍稀植物－江西－图谱 Ⅳ. ①Q948.525.6–64

中国国家版本馆CIP数据核字(2023)第002545号

策划编辑：李　敏
责任编辑：王美琪
封面设计：北京八度出版服务机构
————————————————————

出版发行：中国林业出版社
　　　　（100009，北京市西城区刘海胡同 7 号，电话 83143548 ）
电子邮箱：cfphzbs@163.com
网址：www.forestry.gov.cn/lycb.html
印刷：河北京平诚乾印刷有限公司
版次：2022 年 12 月第 1 版
印次：2022 年 12 月第 1 次印刷
开本：787mm×1092mm　1/16
印张：20
字数：500 千字
定价：199.00 元

《江西九连山珍稀保护植物图谱》
编委会

主　编

梁跃龙　　金志芳　　廖海红　　谢宜飞

编　委
（按姓氏拼音排序）

陈宝平	陈正兴	陈志高	付庆林	郭赋英	黄国栋	黄家胜
黄真宁	江　军	金志芳	梁跃龙	廖承开	廖海红	林姿雄
凌　铭	凌晓夫	刘　蕾	卢　健	邱萃林	吴小刚	谢卫民
谢宜飞	徐国良	杨　东	张　拥	张　忠	张祖福	钟　昊
卓小海						

项目参加人员
（按姓氏拼音排序）

蔡锦超	蔡伟龙	陈　慧	代丽华	邓　裕	董世佐	高友英
何福源	黄敬文	黄胜梅	江　民	孔小丽	赖金娣	李　龙
李建红	李石华	李子林	梁跃武	林智红	刘雪英	罗小龙
邱相东	汤正华	唐小东	万宇辰	王　辉	温　锋	吴　勇
谢建明	熊衍具	许国燕	袁佛根	张昌友	张源原	钟元樟

序　言

　　江西九连山属南岭山脉余脉，为东北—西南走向的山脉，位于赣粤边界。江西九连山国家级自然保护区（以下简称九连山保护区）始建于1975年，是江西省最早建设的森林保护区之一。

　　九连山地质结构复杂，成土母质多样，植被类型丰富，成土过程因地形、母质和植被的差异而不同，土壤的水平和垂直分布规律性明显，在南岭山地具有代表性。在中国植被区划中，九连山是中亚热带湿润常绿阔叶林与南亚热带季风常绿阔叶林过渡地带，植物和植被具有过渡地带的典型性、多样性、珍稀性。九连山记录有高等植物268科1099属2681种，是我国生物多样性最丰富区域之一，也是我国子遗植物、珍稀濒危植物、经济植物的分布中心，为野生种质资源天然基因库。2021年国家林业和草原局、农业农村部发布的《国家重点保护野生植物名录》中，九连山保护区有40种；2005年江西省林业厅公布的《江西省重点保护野生植物名录》中，九连山保护区有124种。本书收录记载九连山保护区珍稀保护植物117种。

　　1992年联合国环境与发展大会上签署的《生物多样性公约》是国际社会为保护地球上生命有机体及其遗传基因和生态系统的多样化，避免或尽量减轻人类活动使生物物种迅速减少的威胁而订立的全球性国际公约。《生物多样性公约》于1992年5月23日在内罗毕通过，而后又将每年5月22日定为国际生物多样性日，我国在1992年6月11日签署《生物多样性公约》。

　　2022年公布的《江西省林业生物多样性保护公报》中指出，"自然保护地内生态系统和物种得到系统保护。构建了以武夷山脉、南岭山地、罗霄山脉、九岭山脉、怀玉山脉、雩山山脉、鄱阳湖等为重点区域，以保护中亚热带常绿阔叶林生态系统、鄱阳湖自然湿地生态系统、珍稀野生动植物为主体及重要自然景观、自然文化遗产的自然保护地网络，有效保护了江西省50%以上的自然森林生态系统，30%以上的自然湿地生态系统和90%以上的国家重点保护野生动植物物种。"九连山保护区在保存、保护南岭山脉常绿阔叶林生态系统、国家重点野生动植物物种中发挥着重要作用，取得了显著成效，为本书的编撰和出版提供了翔实的历史数据、丰富真实的实物照片、坚实的生态环境基础。本书汇集的成果是九连山保护区生物多样性保护历史性成就的真实反映。

　　以梁跃龙高工为主编的作者们都是长期坚守在深山老林之中，坚持做着最基层、最根本、最普通、最艰苦、最需要的森林保护和林木养育工作，他们最熟悉区内的森林消长和树木植物变化趋势。特别值得赞赏的是，作者中有一批专业学校毕业的青年科技工作者，他们安心于林区、热心于林业工作、热衷于森林研究，使九连山这块宝地中孕育的丰富珍稀保护植物得到有效保护和科学利用，他们是林业领域有希望、有担当的生力军。

　　编者基于九连山丰富宝贵的植物资源，为了让更多人认识九连山的植物多样性，了解九连山的珍稀保护植物及其保护现状，他们踏遍九连山全域山野，对区域内的珍稀保护植物进行系统详尽的调查考察研究，细致整理了纷繁资料，对每一种珍稀保护植物进行详尽的介绍，包括保护级别，生物学特性，在九连山上的分布生境及分布特征，用途，受危因素及保护策略。全书编排合理、条目清晰、图片精致、文字精练、图文并茂，有很强的知识性、可读性、实用性和可操作性，是一部充分总结前人森林保护成果，集多个单位众多科技工作者长期研究积累，发挥集体智慧的成功力作，对珍稀保护植物的保存保护、科学利用有重要的学术价值和实践指导意义，也表现了他们的责任和担当，其科学精神和所作贡献值得称颂和发扬。

　　应主编所邀，欣然作序。一是作为江西的老林业科技工作者，表达我读后的学习体会；二是对所有参与研究和编撰的科技工作者所作出的贡献表达敬意；三是期望该书的出版为生物多样性保护，为打造美丽中国"江西样板"有推动作用，对江西省乃至全国相似地域珍稀保护植物的保护策略和发展提供参考和借鉴。

杜天真

国家教学名师　原江西农业大学副校长

博士生导师　江西省林学会首席专家

2022年12月

前　言

江西九连山脉位于赣粤边界，为东北—西南走向的山脉，属南岭山脉余脉。九连山保护区位于江西省南部龙南市南沿，东面与九连山镇相邻，北面靠全南县兆坑林场，南面和西面与广东省连平县接壤，地理坐标为24°29′18″～24°38′55″N、114°22′50″～114°31′32″E，南北长约17.5km，保护区总面积13411.6hm²。

九连山在地质构造上属"南岭纬向构造带"东段与武夷山北东向构造带南段的复合部位西侧，属于"九连山隆起构造带"。岩石种类较多，分布最广的是岩浆类黑云花岗岩；页岩、砂岩等海相沉积岩分布区占保护区面积的1/3，还分布有变余砂岩、板岩、千枚岩等沉积变质岩；陆相红色碎屑岩也有分布，这类岩石以其特有的颜色和岩性特点，形成独特的丹霞地貌。保护区总体上属于中一低山地貌，最高峰黄牛石海拔1430m，最低海拔280m，最大相对高差为1150m，一般相对高差600～800m，总体东南高、西北低。全局地貌大致呈盆岭相间、棋盘格状展布之格局。

保护区气候属于我国亚热带东部、中亚热带华中区的南岭山地副区，与华南区相邻，受大陆和海洋性气候的影响，气候温和湿润，有明显的干湿季。保护区气象站连续21年的观测资料记载，区内年平均气温为16.4℃，1月平均气温6.8℃，7月平均气温为24.4℃，极端最低气温为−7.4℃（1991年12月），极端最高气温为37℃（1986年7月），年平均降水量为1872.6mm，年平均蒸发量为790.2mm，年平均相对湿度为85%，年平均日照时数为1068.5h。

保护区内地质结构复杂，成土母质多样，植被类型丰富，成土过程因地形、母质和植被的差异而不同，土壤的水平和垂直分布规律性相当明显，在南岭山地具有代表性。按海拔自下而上依次分布有山地黄壤、山地黄红壤、山地黄壤和山地草甸土。

在中国植被区划中，九连山保护区是中亚热带湿润常绿阔叶林与南亚热带季风常绿阔叶林过渡地带，植物和植被具有过渡带的典型性、多样性、珍稀性，素有"生物资源基因库"之称，九连山记录有高等植物268科1099属2681种，其中苔藓植物66科137属287种，蕨类植物27科79属265种，种子植物175科883属2129种。

九连山保护区是我国生物多样性最高区域之一，也是我国子遗植物、珍稀保护植物、经济植物的分布中心，为野生种质资源天然基因库。调查表明，2021年9月7日国家林业和草原局、农业农村部发布的《国家重点保护野生植物名录》中，九连山保护区有40种（国家一级重点保护野生植物1种，国家二级重点保护野生植物39种）；2005年8月31日江西省林业厅公布的《江西省重点保护野生植物名录》中，九连山保护区有124种；2017年覃海宁等《中国高等植物受威胁名录》中，九连山保护区有47种，其中极危（CR）4种、濒危（EN）11种、易危（VU）32种。

本书收录九连山保护区珍稀保护植物117种，详细整理了物种的保护信息和图片，旨在让更多的人认识九连山保护区的植物多样性，了解九连山保护区的珍稀保护植物及其保护现状，以便更好地保护和合理利用这些珍贵的植物资源，让其可持续发展，为人类造福。

本书编写过程中得到许多专家学者的指导和帮助，在此表示衷心的感谢！

由于编写的水平和时间有限，难免会有不足之处，欢迎读者不吝赐教。

编者

2022年9月

编写说明

1. 本书尽可能收录《国家重点保护野生植物名录》（2021年）、《江西省重点保护野生植物名录》（2005年）、《中国高等植物受威胁名录》（2017年）中分布于九连山保护区及周边的珍稀保护植物117种，其中114种为野外调查中获得的资料；天竺桂、闽粤蚊母树、条叶龙胆3种在九连山的分布仅限于文献记载或历史标本记录，还需要在今后调查中进一步证实。

2. 兰科植物全科都被列为江西省1级重点保护野生植物，由于九连山保护区已出版《中国九连山兰科植物研究》一书，本书仅收录《国家重点保护野生植物名录》（2021年）及《中国高等植物受威胁名录》（2017年）中九连山有分布的26种兰科植物，以利于保护物种的科学研究、保护管理。

3. 本书分类系统蕨类植物采用PPG I系统，裸子植物采用克氏裸子植物系统（2011），被子植物采用APG IV系统，并遵循《国家重点保护野生植物名录》（2021年）的名称。

4. 本书对每个物种的保护等级进行标注，主要依据如下：《国家重点保护野生植物名录》（2021年）确定国家一级和二级重点保护野生植物；《江西省重点保护野生植物名录》（2005年）确定江西省1级、2级、3级重点保护野生植物。CITES保护级别根据最新的附录确定；II表示GITES附录II中收录的物种；IUCN红色名录等级根据世界自然保护联盟更新濒危物种红色名录确定；濒危等级中国特有种分别依据《中国生物多样性红色目录——高等植物卷》（2013年）、《中国高等植物受威胁名录》（2017年）中等级确定，LC为无危，NT为近危，VU为易危，EN为濒危，CR为极危。

目 录

江西九连山珍稀保护植物图谱

1

江西九连山自然资源状况

1.1 自然地理概况

1.1.1 地理位置

九连山保护区位于江西省南部龙南市的南沿，东面与九连山镇为邻，北面靠全南县兆坑林场，南面和西面与广东省连平县接壤，地理坐标为24°29′18″～24°38′55″N、114°22′50″～114°31′32″E，南北长约17.5km，保护区总面积13411.6 hm²。

1.1.2 地质地貌

九连山保护区在地质构造上属"南岭纬向构造带"东段与武夷山北东向构造带南段的复合部位西侧，属于"九连山隆起构造带"。岩石种类较多，分布最广的是岩浆类黑云花岗岩；页岩、砂岩等海相沉积岩分布区占保护区面积的1/3，还分布有变余砂岩、板岩、千枚岩等沉积变质岩；陆相红色碎屑岩也有分布，这类岩石以其特有的颜色和岩性特点，形成独特的丹霞地貌。九连山位于南岭稀有稀土多金属矿区，在保护区周边县分布有国内著名的大吉山钨矿、岿美山钨矿、龙南稀土矿等。

九连山保护区总体上属于中—低山地貌。最高峰黄牛石海拔1430m，最低海拔280m，最大相对高差为1150m，一般相对高差600～800m，总体东南高、西北低。全局地貌大致具有盆岭相间、棋盘格状展布之格局，这与构造格局基本吻合，也与地层及岩性条件密切相关。

1.1.3 气 候

九连山保护区气候属于我国亚热带东部、中亚热带华中区的南岭山地副区，与华南区相邻，受大陆和海洋性气候的影响，气候温和湿润，有明显的干湿季。保护区气象站多年的观测资料记载，区内年平均气温为16.8℃，1月平均气温6.8℃，7月平均气温24.4℃，极端最低气温-7.4℃（1991年12月），极端最高气温37℃（1984年7月），年平均降水量1872.6mm，年平均蒸发量790.2mm，年平均相对湿度85%，年平均日照时数1068.5h。

1.1.4 水 文

九连山保护区所处的南岭是长江水系与珠江水系的分水岭，是中国地理上的重要界限。森林覆盖率高达94.7%，核心区森林覆盖率98.2%，天然植被保存完好，水源涵养效益高，水源丰富，沟谷溪流终年流水潺潺，是赣江上游主要支流桃江的源头地区，区内主要河流（流域面积大于10km²）有大丘田河、饭罗河、鹅公坑河、上围河、横坑水河等8条河流。

1.1.5 土 壤

九连山保护区内地质结构复杂，成土母质多样，植被类型丰富，成土过程因地形、母质和植被的差异而不同，土壤的水平和垂直分布规律性相当明显，在南岭山地具有代表性。按海拔自下而上依次分布有山地黄壤、山地黄红壤、山地红壤和山地草甸土。

1.1.6　森林资源

九连山保护区总面积13411.6hm²，其中有林地12761hm²，农地546hm²，水域60hm²，其他74hm²，活立木总林木蓄积量1125389m³，为特种用途林，森林类型以亚热带常绿阔叶林为主，兼具少量的针叶林、针阔混交林、落叶阔叶林、山顶矮曲林。森林起源以天然林为主，分布少量人工杉木林。经多年的保护，区内天然林林相整齐，资源丰富，全区域都保存着大面积的天然林。

1.1.7　动植物资源

九连山保护区内有种子植物175科883属2129种，蕨类植物265种，昆虫1752种，鸟类291种，爬行动物66种。

1.2　植物资源保护现状

九连山保护区始建于1975年，时称虾公塘天然林保护区，面积9000余亩[①]，主管部门为九连山垦殖场；1981年升格为省级自然保护区，时称江西省九连山自然保护区，面积61000余亩，主管部门为江西省林业厅；2003年晋升为国家级自然保护区，全称为江西九连山国家级自然保护区，面积约20万亩。保护区现为江西省林业局直属公益一类事业单位，人员编制55人，实行局、站二级管理，设有4个科室、5个保护站，其中黄牛石保护站、大丘田保护站、虾公塘生态定位站、润洞保护站、花露保护站主要工作是保护动植物资源。为加强自然资源保护，龙南市先后成立了龙南九连山国家级森林公园、龙南小武当国家级风景名胜区、龙南武当山省级森林公园、龙南安基山省级森林公园、龙南金鸡寨省级森林公园、龙南桃江窑头省级湿地公园、龙南渥江东湖湿地公园、龙南棋棠山县级自然保护区、龙南夹湖县级自然保护区、龙南黄坑县级自然保护区、龙南西梅山县级自然保护区、龙南金盘山县级自然保护区和龙南三县崆县级自然保护区，使珍稀植物资源得到有效保护。

---

① 1 亩 =666.7m²。

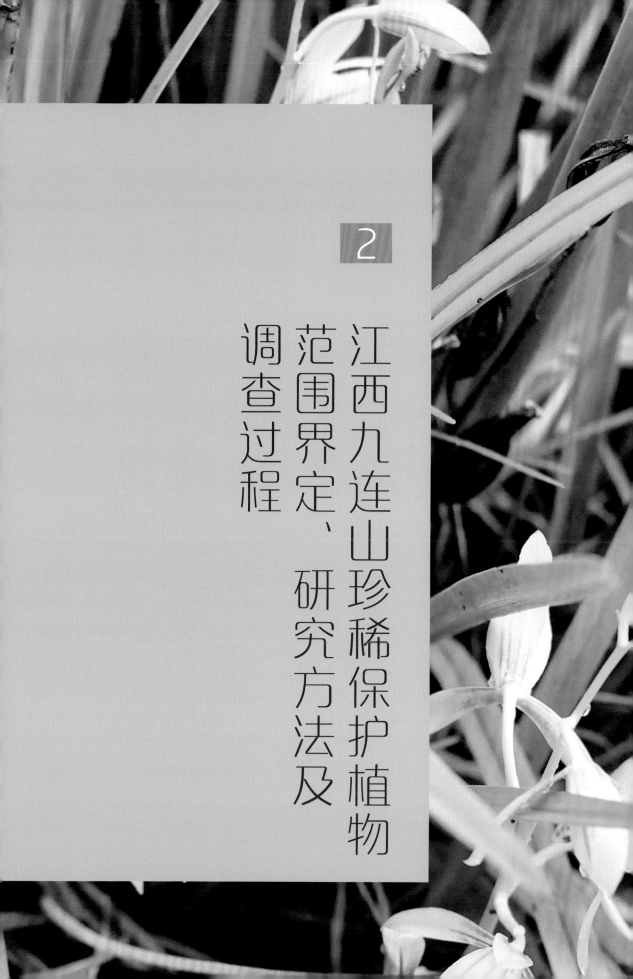

2

江西九连山珍稀保护植物
范围界定、研究方法及
调查过程

2.1 珍稀保护植物的定义

珍贵植物指经济或者科研上具有特殊价值和重要意义的植物；稀有植物指只在某一区域分布且个体数量少、极为罕见的植物；濒危植物是指受到侵害，植物个体数量明显减少和分布范围逐渐缩小，逐渐濒于灭绝状态需要保护的植物。本书将这三类植物统称为珍稀保护植物。

珍稀保护植物是森林植物资源重要组成部分，具有重要的经济价值、生态价值。

2.2 研究对象的确定和依据

本研究确定研究对象的标准依据国家、江西省、各学术组织及各级管理机构颁布或出版的珍贵、稀有、濒危保护植物名录以及专著。具体名录和专著为《国家重点保护野生植物名录》（国家林业和草原局，农业农村部；2021）、《江西省重点保护野生植物名录》（江西省林业厅，2005）、《中国生物多样红色名录——高等植物卷》（环境保护部，中国科学院；2013）、《中国高等植物受威胁物种名录》（覃海宁等，2017）。研究对象为上述名录和专著中江西九连山生长的野生植物。

2.3 研究方法与目的

兰科植物按全国重点保护野生植物资源调查和监测——兰科植物资源专项补充调查和监测工作方案，其他植物按《全国重点保护野生植物资源调查技术规程》，于2021—2022年开展调查，调查范围以九连山保护区辖区范围为主，对龙南市范围内的调查对象也开展调查。

通过对野外调查的数据资料进行整理统计，结合查阅相关资料、文献，对每个调查树种的分类、形态特征、地理分布与生境、资源现状、保护级别和主要用途等进行调查，提出保护建议，编制《江西九连山珍稀保护植物名录》（附表1）、《江西九连山分布的国家重点保护野生植物名录》（附表2）、《江西九连山分布的江西省级保护野生植物名录》（附表3）、《江西九连山分布的濒危野生动植物种国际贸易公约（CITES）附录植物名录》（附表4）、《江西九连山分布的濒危物种红色名录濒危级别》（附表5）、《江西九连山分布的中国高等植物红色名录等级、高等植物受威胁物种等级》（附表6）和《江西九连山模式标本植物名录》（附表7），并依据保护等级、濒危等级、省内分布频度、区内分布频度、是否中国特有、群落地位、生长形态各影响因子进行评估，提出《江西九连山优先保护珍稀保护植物名录》（附表8～10），为江西九连山珍稀保护植物资源的保护与利用研究提供资源信息、数据支撑与决策指导。

2.4 调查过程

20世纪40年代初，中正大学（今南昌大学）生物学系和静生生物研究所就在九连山进行了大量的植物调查采集。自20世纪50年代起，著名植物生态学家林英多次深入九连山考察，在1951年的考察中发现九连山分布有许多热带植物区系，如番荔枝科（Annonaceae）、买麻藤科（Gnetaceae）、天料木科（Smaydaceae）等。1958年江西省科学分院成立，由庐山植物园（科学院工作站）胡启明率队到九连山考察和采集。1959年江西省林科所熊杰专程到九连山进行森林植物调查采集。1960年和1962年林英率江西师范学院生物学系师生两次深入九连山进行森林植被和植物资源考察、采集。1975年江西省林科所和赣州市林科所到九连山进行森林类型与树种的调查、采集工作。1978年林英和土壤生态学家刘开树率江西大学生物学系、江西共产主义劳动大学总校农学系等单位专家对九连山植被和土壤垂直分布以及野生动物进行考察。1981年建立保护区后，林英又率江西大学、江西共产主义劳动大学总校、江西省林科所、赣南林木园、赣南林科所的专家，对保护区进行了多学科科学考察。1999—2001年，九连山自然保护区管理处邀请南昌大学生物科学工程系叶居新，江西中医学院姚振生、赖学文、曹岚、葛菲，江西农业大学季梦成、陈拥军、邹菊花，中国科学院植物研究所张宪春，上海自然博物馆刘仲苓，南昌师范大学梁芳等开展多学科综合考察。2004年，九连山自然保护区管理处联合龙南县九连山林场开展了第一次全国重点保护野生植物资源的调查。2005年，九连山自然保护区管理处与中科院武汉植物园开展伞花木群落调查。2006—2015年，九连山自然保护区管理处与江西农业大学林学院张露、杨清培等开展毛红椿群落结构、濒危机制、更新繁育等方面研究。2007—2009年，九连山自然保护区管理处与中科院华南植物园开展伯乐树遗传多样性及保育方面的研究。2008—2015年，九连山自然保护区管理处与江西省林科院江香梅、周诚等开展了豆科、杜英科、樟科、壳斗科、木兰科、山茶科等资源调查，收集珍稀树种用于植物园建设。2010—2013年，九连山自然保护区管理处与赣南师范大学刘仁林等开展了山茶属、杜鹃花科及水生植物调查。2007—2021年，九连山自然保护区管理处与南昌大学杨柏云等开展了九连山兰科植物资源调查。2018—2021年，九连山自然保护区管理处与赣南师范大学生命科学院共同对九连山重点区域进行植物补充调查，编辑出版《中国九连山兰科植物研究》《江西九连山种子植物名录》等学术专著。

2017—2018年，九连山保护区遵照江西省林业厅文件要求，开展"第二次江西省重点保护野生植物资源调查"，完成了九连山保护区辖区内的南方红豆杉、伯乐树、花榈木、闽楠、伞花木、半枫荷、毛红椿、喜树、观光木等9个树种调查，对辖区内这9个树种胸径大于5cm的植株，分树种进行每木编号、挂牌，每木检测树高、胸径、树冠、GPS参数等，并进行种群数量和群落（生境）调查，填写调查表格，绘制分布区域图，拍摄照片和标本采集，完成了5600多株珍稀保护植物的调查工作。

2018—2020年，依据江西省林业厅文件《江西省林业厅关于印发江西省第二次主要林木种质资源调查工作方案的通知》要求，九连山保护区开展"江西省第二次主要林木种质资源调查"，本次调查共完成了九连山保护区辖区内的踏查线路38条201km 3548个踏查树种信息点填报；完成18个重点调查树种约5500株树木的实测调查；完成42片、29个树种的优良林分、分布地点、坡向、坡位、坡度、土壤状况、目的树种平均树高、胸径等因子调查；完成80株、24个树种的优良单株分布地点、优良单株特性等因子调查；完成了11株古树、5个古树群（计44株名木古树）、11个引进树种、21个调查点、3个林木良种基地、1个珍稀植物园的调查工作。

鉴于《国家重点保护野生植物名录》进行了修订，江西九连山国家保护区分布的国家重点保护野生植物种类有较大变化，2021—2022年，九连山保护区成立"江西九连山珍稀保护植物调查"专项调查组，本次补充调查共完成踏查线路25条，对已完成每木调查的南方红豆杉、伯乐树、花榈木、闽楠、伞花木、半枫荷、毛红椿、喜树、观光木等进行复查，主要调查被洪水冲毁、人为破坏及自然死亡的植株；对新发现、新升级的短萼黄连、华重楼、金荞麦、长穗桑、软荚红豆、木荚红豆等树种进行每木编号、挂牌，每木检测树高、胸径、树冠、GPS参数等，并进行种群数量和群落（生境）调查；对于兰科植物，则依照全国重点保护野生植物资源调查和监测——兰科植物资源专项补充调查和监测工作方案及技术规程，开展样线、样方、样木调查，完成样线50条、样方620个、样木66株、兰科植物60多种的位置、生活型、物候期、土壤类型、个体数量、生长方式、伴生植物、受威胁因子等的调查工作，相关数据已上传国家林业和草原局兰科植物调查数据平台；并对辖区内的江西省重点保护野生植物种类、种群数量、分布范围、生长状况进行了概查。

3

江西九连山珍稀保护植物资源现状

3.1 江西九连山珍稀保护植物

根据2.1珍稀保护植物的定义，江西九连山有珍稀保护植物56科176种，其中中国特有种55种，详见附表1。

3.2 国家重点保护野生植物

依据2021年9月7日，经国务院批准，国家林业和草原局、农业农村部发布了修订后的《国家重点保护野生植物名录》。

3.2.1 物种列入的基本原则

①数量极少、分布范围极窄的极度濒危和珍稀濒危物种。

②重要作物的野生种群和有重要遗传价值的近缘种。

③有重要经济价值，因过度开发利用导致资源急剧减少、生存受到威胁或严重威胁的物种。

④在维持（特殊）生态系统功能中具有重要作用的珍稀濒危物种。

⑤在传统文化及科研中具有重要作用的珍稀濒危物种。

3.2.2 物种保护等级的确定

选入的野生植物种，按其濒危和稀有程度以及价值等，分为国家一级和国家二级重点保护野生植物。其中，具有重大经济、科学及生态学和文化价值，野外居群生存受到严重威胁，有灭绝危险，居群数量稀少、分布区狭窄以及中国特有种被列为国家一级重点保护野生植物，其他列入《国家重点保护野生植物名录》（2021年）的野生植物为国家二级重点保护野生植物。

3.2.3 国家重点保护野生植物

据统计，江西九连山分布的国家重点保护野生植物共有17科40种，其中有国家一级重点保护野生植物1种，即南方红豆杉，国家二级重点保护野生植物39种，即桧叶白发藓、长柄石杉、闽浙马尾杉、华南马尾杉、福建莲座蕨、金毛狗蕨、苏铁蕨、福建柏、江南油杉、天竺桂、闽楠、华重楼、金线兰、浙江金线兰、杜鹃兰、建兰、多花兰、春兰、寒兰、钩状石斛、密花石斛、重唇石斛、美花石斛、罗河石斛、细茎石斛、广东石斛、铁皮石斛、单葶草石斛、始兴石斛、台湾独蒜兰、短萼黄连、花榈木、木荚红豆、软荚红豆、长穗桑、伞花木、金豆、伯乐树、金荞麦。详见附表2。

3.3 江西省重点保护野生植物

依据《江西省重点保护野生植物名录》（2005年）确定。

3.3.1 物种列入的原则

经江西省人民政府批准列入的具有珍贵、稀有、濒危和有重要经济、科学研究价值的野生植物。

3.3.2 物种保护等级的确定

江西省重点保护野生植物分为3级：1级重点保护野生植物是指数量极少或者濒于灭绝的野生植物；2级重点保护野生植物是指数量较少而分布范围很狭窄的野生植物，或者需要保存野生种源的野生植物；3级重点保护野生植物是指尚有一定数量，但分布范围在逐渐缩小的野生植物。

《江西省重点保护野生植物名录》多年没有修改，所以《江西省重点保护野生植物名录》中有国家重点保护野生植物，按照同一个种选取最高保护级别的原则，统计在江西九连山分布的江西省重点保护野生植物共有36科124种，其中有江西省1级重点保护野生植物69种、江西省2级重点保护野生植物12种、江西省3级重点保护野生植物43种，详见附表3。

3.4 濒危野生动植物种国际贸易公约（CITES）附录中植物

查询网站https://tools.bgci.org/plant_search.php，江西九连山有濒危野生动植物种国际贸易公约（CITES）附录（Ⅱ）植物2科86种，详见附表4。

3.5 世界自然保护联盟（IUCN）物种红色名录

3.5.1 世界自然保护联盟（IUCN）物种红色名录濒危等级及含义（表3-1）

表3-1 世界自然保护联盟（IUCN）物种红色名录濒危等级及含义

濒危等级	等级含义
绝灭（EX）	如果没有理由怀疑一分类单元的最后一个个体已经死亡，即认为该分类单元已经灭绝
野外绝灭（EW）	如果已知一分类单元只生活在栽培、圈养条件下或者只作为归化种群生活在远离其过去的栖息地时，即认为该分类单元属于野外绝灭

（续）

濒危等级	等级含义
地区绝灭（RE）	如果没有理由怀疑一分类单元在某一地区的最后一个个体已经死亡，即认为该分类单元已经地区灭绝
极危（CR）、濒危（EN）、易危（VU）	这三个等级统称为受威胁等级，绝灭的风险由高到低。当一分类单元符合世界自然保护联盟（IUCN）受威胁等级评估标准中的任何标准且均能获得一定的等级，那么该分类单元应被置于风险最高的等级
近危（NT）	当一分类单元未达到极危、濒危或易危标准，但在未来一段时间内，接近符合或可能符合受威胁等级，该分类单元即列为近危
无危（LC）	当一分类单元被评估未达到极危、濒危或易危标准，该分类单元即列为无危。广泛分布和种类丰富的分类单元都属于该等级
数据缺乏（DD)	当缺乏足够的信息对一分类单元的绝灭风险进行直接或间接的评估时，那么这个分类单元属于数据缺乏

3.5.2 世界自然保护联盟（IUCN）受威胁等级评估标准

当一分类单元面临即将灭绝的概率非常高，即符合表3-2 A、B、C、D中对应的任何一条标准时，该分类单元即列为极危（CR）；当一分类单元尚未达到极危标准，但是其野生种群在不久的将来面临灭绝的概率很高，即符合表3-2 A、B、C、D中对应的任何一条标准时，该分类单元即列为濒危（EN）；当一分类单元尚未达到极危或濒危标准，但是在未来一段时间后，其野生种群面临灭绝的概率较高，即符合表3-2 A、B、C、D中对应的任何一条标准时，该分类单元即列为易危（VU）。

表 3-2 世界自然保护联盟（IUCN）受威胁等级评估标准

爱威胁等级	极危（CR）	濒危（EN）	易危（VU）
A:种群减少（降低）			
A1：过去10年或三世代内种群减少的比例，其减少的原因是可逆转且被了解且停止的	A1 ≥ 90% A2～5 ≥ 80%	A1 ≥ 70% A2～5 ≥ 50%	A1 ≥ 50% A2～5 ≥ 30%
A2～5：估计过去或未来（或二者）10年或三世代内种群减少的比例（基于以下条件获得的满足条件）	1.直接观察 2.适合该分类单位的丰富指数 3.占有面积、分布范围减少或（和）栖息地质量下降 4.实际的或潜在的开发利用影响 5.受外来物种、杂交、病原体、污染、竞争者或寄生物带来的不利影响		
B：分布区小，衰退或波动			
B1：分布区 B2：占有面积	B1<100km^2 B2<10km^2	B1<5000km^2 B2<500km^2	B1<20000km^2 B2<2000km^2
条件a、b、c，至少满足2条	a=1	a ≤ 5	a ≤ 10
条件a:生境严重破碎或已知分布地点数	b:①分布范围；②占有面积；③生境面积、范围和（或）质量；④地点或亚种群的数目；⑤成熟个体数		
条件b:①～⑤任一下降或减少	c:①分布范围；②占有面积；③生长地点数或亚种群数；④成熟个体数		
条件c:①～④任一极度波动			

爱威胁等级	极危（CR）	濒危（EN）	易危（VU）
C：种群小且在衰退			
成熟个体数量	<250	<2500	<10000
满足C1或C2 C1：估计持续下降的幅度 C2：持续下降，且符合d或（和）e	C1：3年或1个世代内持续下降至少25%	C1：5年或2个世代内持续下降至少20%	C1：10年或3个世代内持续下降至少10%
d：①每个亚种群成熟个体数；②一个亚种群个体数占总数的百分比 e：成熟个体数极度波动	①<50 ②90%～100%	①<250 ②95%～100%	①<1000 ②100%
D：种群小或局限分布			
D1：种群成熟个体数 D2：易受人类活动影响，可能在极短时间成为极危，甚至绝灭	D1<50	D1<250	D1<1000 D2：种群占有面积<20km²或地点<5个
E：定量分析			
使用定量模型评估野外灭绝率	≥50%（今后10年或3个世代内）	≥20%（今后20年或5个世代内）	≥10%（今后100年内）

3.5.3 世界自然保护联盟（IUCN）濒危等级

根据《中国生物多样红色名录——高等植物卷》（2013年）、《中国高等植物受威胁物种名录》（2017年），结合查询网站https://tools.bgci.org/threat_search.php，按照同一个种选取最高保护级别的原则，统计江西九连山有濒危植物10种，其中濒危（EN）2种、易危（VU）8种。详见附表5。

3.6 江西九连山产模式标本植物

经查询中国科学院植物研究所、中国科学院昆明植物研究所、中国科学院华南植物园、中国科学院武汉植物园、中国科学院庐山植物园等相关的标本信息，江西九连山龙南市范围共产2个模式标本，分别是1923年刘心启采于龙南林屋鸟枝山的龙南后蕊苣苔（*Opithandra burttii* W. T. Wang）、1958年由庐山植物园（采集人不详）采于龙南九连山横坑水的湖南凤仙花（*Impatiens hunanensis* Y. L. Chen）。详见附表7。

4

江西九连山珍稀保护植物评价

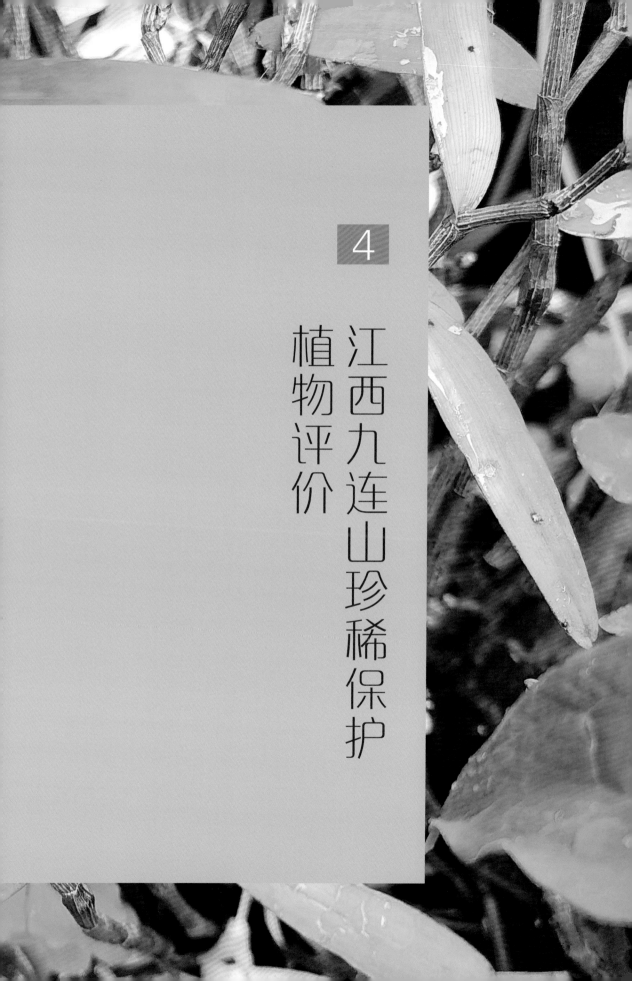

4.1 江西九连山珍稀保护植物属分布区类型的统计和分析

根据吴征镒对中国种子植物属的分布区类型(1991年)的划分方法，将江西九连山珍稀保护植物56科110属划分为13个分布类型。

4.1.1 世界分布

世界分布有羊耳蒜属（*Liparis*）、龙胆属（*Gentiana*）、堇菜属（*Viola*）。

4.1.2 泛热带分布

泛热带分布有石豆兰属（*Bulbophyllum*）、美冠兰属（*Eulophia*）、虾脊兰属（*Calanthe*）、天料木属（*Homalium*）、黄檀属（*Dalbergia*）、冬青属（*Ilex*）、红豆属（*Ormosia*）、厚皮香属（*Ternstroemia*）、凤仙花属（*Impatiens*）、古柯属（*Erythroxylum*）、青皮木属（*Schoepfia*）、紫金牛属（*Ardisia*）、买麻藤属（*Gnetum*）、霉草属（*Sciaphila*）。

4.1.3 热带亚洲和热带美洲间断分布

热带亚洲和热带美洲间断分布有楠属（*Phoebe*）、无患子属（*Sapindus*）、猴欢喜属（*Sloanea*）。

4.1.4 旧世界热带分布

旧世界热带分布有虎舌兰属（*Epipogium*）、鸢尾兰属（*Oberonia*）、翻唇兰属（*Hetaeria*）、线柱兰属（*Zeuxine*）、芋兰属（*Nervilia*）、山珊瑚属（*Galeola*）、蒲桃属（*Syzygium*）。

4.1.5 热带亚洲至热带大洋洲分布

热带亚洲至热带大洋洲分布有金线兰属（*Anoectochilus*）、隔距兰属（*Cleisostoma*）、兰属（*Cymbidium*）、葱叶兰属（*Microtis*）、阔蕊兰属（*Peristylus*）、石仙桃属（*Pholidota*）、天麻属（*Gastrodia*）、樟属（*Cinnamomum*）、杜英属（*Elaeocarpus*）、香椿属（*Toona*）、紫薇属（*Lagerstroemia*）。

4.1.6 热带亚洲至热带非洲分布

热带亚洲至热带非洲分布有苞舌兰属（*Spathoglottis*）、叉柱兰属（*Cheirostylis*）、藤黄属（*Garcinia*）。

4.1.7　热带亚洲分布

　　热带亚洲分布有肉果兰属（*Cyrtosia*）、竹叶兰属（*Arundina*）、贝母兰属（*Coelogyne*）、吻兰属（*Collabium*）、石斛属（*Dendrobium*）、斑叶兰属（*Goodyera*）、厚唇兰属（*Epigeneium*）、带唇兰属（*Tainia*）、异型兰属（*Chiloschista*）、盂兰属（*Lecanorchis*）、无叶兰属（*Aphyllorchis*）、盆距兰属（*Gastrochilus*）、独蒜兰属（*Pleione*）、波罗蜜属（*Artocarpus*）、山胡椒属（*Lindera*）、木莲属（*Manglietia*）、含笑属（*Michelia*）、杨桐属（*Adinandra*）、蕈树属（*Altingia*）、蚊母树属（*Distylium*）、润楠属（*Machilus*）、草珊瑚属（*Sarcandra*，福建柏属（*Fokienia*）、竹柏属（*Nageia*）、南五味子属（*Kadsura*）、柑橘属（*Citrus*）、马蹄荷属（*Exbucklandia*）、秋枫属（*Bischofia*）、核果茶属（*Pyrenaria*）。

4.1.8　北温带分布

　　北温带分布有玉凤花属（*Habenaria*）、舌唇兰属（*Platanthera*）、绶草属（*Spiranthes*）、槭属（*Acer*）、桦木属（*Betula*）、栎属（*Quercus*）、桑属（*Morus*）、红豆杉属（*Taxus*）、苹果属（*Malus*）、杜鹃花属（*Rhododendron*）、黄连属（*Coptis*）、慈姑属（*Sagittaria*）。

4.1.9　东亚—北美间断分布

　　东亚—北美间断分布有银钟花属（*Perkinsiodendron*）、蓝果树属（*Nyssa*）、柯属（*Lithocarpus*）、木樨属（*Osmanthus*）、钳唇兰属（*Erythrodes*）。

4.1.10　旧世界温带分布

　　旧世界温带分布有重楼属（*Paris*）、前胡属（*Peucedanum*）、荞麦属（*Fagopyrum*）。

4.1.11　温带亚洲分布

4.1.12　地中海区、西亚至中亚分布

　　地中海区、西亚至中亚分布有黄连木属（*Pistacia*）。

4.1.13　中亚分布

4.1.14　东亚分布

　　东亚分布有杜鹃兰属（*Cremastra*）、三尖杉属（*Cephalotaxus*）、小红门兰属（*Ponerorchis*）、油杉属（*Keteleeria*）、萸叶五加属（*Gamblea*）。

4.1.15 中国特有分布

中国特有分布有伞花木属（*Eurycorymbus*）、伯乐树属（*Bretschneidera*）、半枫荷属（*Semiliquidambar*）、后蕊苣苔属（*Opithandra*）。

4.2 珍稀保护植物的生活型

江西九连山珍稀保护植物按其生活型不同可分为常绿乔木、落叶乔木、灌木、藤本和草本5种类型，其中常绿乔木41种，代表种为南方红豆杉、三尖杉、竹柏、闽楠、花榈木、乐昌含笑、观光木、沉水樟、杜英、樟叶槭等，占总数的23.3%；落叶乔木20种，代表种为伞花木、长穗桑、伯乐树、白桂木、亮叶桦、天料木、黄连木、无患子、密花梭罗等，占总数的11.4%；灌木8种，即金豆、紫花含笑、赤楠、轮叶蒲桃、杨桐、虎舌红、血党、云锦杜鹃，占总数的4.5%；藤本2种，即小叶买麻藤、黑老虎，占总数的1.1%；草本105种，主要为蕨类、兰科植物，占总数的59.7%。

4.3 珍稀保护植物的特点

4.3.1 区系成分复杂多样，热带性质明显

江西九连山有珍稀保护植物176种，隶属56科110属，我国植物属的15个类型，江西九连山珍稀保护植物区系有13个，60%以上为热性成分。

4.3.2 中国特有种较多

本次调查表明，江西九连山珍稀保护植物中有中国特有种55种，如南方红豆杉、伯乐树、闽楠、花榈木、半枫荷、伞花木、观光木、吊皮锥、白桂木、银钟树、竹柏、三尖杉、木莲、乐昌含笑、深山含笑、华南桂、香桂、红楠、小果石笔木、多花山竹子、猴欢喜、黄檀、木荚红豆、软荚红豆、蕈树、亮叶桦、蓝果树、云锦杜鹃等。

4.3.3 具有古老性、过渡性

九连山保护区位于赣粤边境，南岭山脉的中心位置，处于"中亚热带湿润常绿阔叶林地带"与"南亚热带季风常绿阔叶林地带"的过渡地带，南岭山脉地质古老，从新生界第三纪以来，由于未受到大陆冰川的直接侵袭，保存有大量的在植物系统中处于原始阶段的古老物种、子遗植物与活化石，例如南方红豆杉、竹柏、三尖杉、木莲属、樟属植物。

4.3.4 草本比例最大，与江西九连山植物区系特征相似

江西九连山珍稀保护植物按其生活型不同可分为常绿乔木、落叶乔木、灌木、藤本和草本5种类型，其中草本比例最大，占总数的59.7%，其次为常绿乔木，占总数的23.3%。

4.4 珍稀保护植物优先保护评价

有效保护与合理利用植物多样性是人类社会可持续发展的基础，自世界自然保护联盟 (IUCN) 发布《世界自然保护大纲》最先提出优先保护顺序的方法以来，关于植物优先保护的研究越来越多，科学建立评价生物物种受威胁程度的指标体系是制定有针对性的保护措施的前提，依据物种受威胁程度和灭绝风险将物种列为不同的濒危等级，可以唤起人们对珍稀保护植物生存现状的关注，为江西九连山植物资源的保护管理、合理利用以及区域植物多样性保护和社会经济可持续发展起到参考和指导作用。

在大量调查研究的基础上，参考相关资料，以保护等级、濒危等级、省内分布频度、区内分布频度、是否中国特有、群落地位、生长形态8个指标来构成综合评价的因素。根据这些指标评定，把最后的综合估分总值定名为"珍稀保护指数"，依据指数大小来确定优先保护次序。指数越大，受优先保护次序越先。各优先保护状况评价分类等级标准以及具体指标、评分标准和各植物估分总值见表4-1～表4-3。

表4-1 优先保护状况评价指标及评分标准

评价指标分值	5分	4分	3分	2分	1分
保护等级	国家一级	国家二级	江西1级	江西2级	江西3级以下
濒危等级	CR	EN	VU	NT	LC/DD
省内分布频度	1～2个县分布	3～5个县分布	6～10个县分布	11～15个县分布	16个县以上分布
区内分布频度	有1个分布点	有2～3个分布点	有4～6个分布点	有7～10个分布点	有11个以上分布点
区内现存多度	1～100株	101～1000株	1001～5000株	5001～10000株	10001株以上
是否中国特有				中国特有	非中国特有
群落地位	稀有种	偶见种	常见种	优势种	建群种
经济价值	有较高的经济价值、观赏价值及珍稀用材	有珍贵的经济价值、观赏价值及珍稀用材	一般药用、材用或具中等绿化观赏性	无特殊用途的乔木	无特殊用途的灌木、藤本、草本与蕨类

表4-2 优先保护状况评价分类等级标准

等级	评价分数	保护利用建议
Ⅰ级优先保护	珍稀保护指数为各项指标总分之和的3/4以上（≥28分）	资源受威胁程度高，应重点加以保护
Ⅱ级优先保护	珍稀保护指数为各项指标总分之和的1/2～3/4(19～28分)	资源受威胁程度较高，应合理保护
Ⅲ级优先保护	珍稀保护指数为各项指标总分之和的1/2以下（≤19）	资源受威胁程度低，只需一般性保护

表 4-3　珍稀保护植物评价指数及优先保护等级

序号	种名	保护等级	濒危等级	省内分布频度	区内分布频度	区内现存多度	是否中国特有	群落地位	经济价值	总分	优先保护等级
1	桧叶白发藓	4	1	4	1	4	1	4	3	22	Ⅱ级
2	长柄石杉	4	4	1	1	3	2	4	4	23	Ⅱ级
3	闽浙马尾杉	4	1	4	2	4	2	4	4	25	Ⅱ级
4	华南马尾杉	4	2	4	2	4	1	4	4	25	Ⅱ级
5	福建莲座蕨	4	1	1	1	1	1	2	4	15	Ⅲ级
6	金毛狗蕨	4	1	1	1	2	1	3	4	17	Ⅲ级
7	苏铁蕨	4	3	4	3	5	1	5	3	28	Ⅰ级
8	南方红豆杉	5	3	1	1	3	1	2	5	21	Ⅱ级
9	福建柏	4	3	3	5	5	1	5	5	31	Ⅰ级
10	江南油杉	4	1	4	4	5	1	5	5	29	Ⅰ级
11	天竺桂	4	3	1	5	5	1	4	4	27	Ⅱ级
12	闽楠	4	3	1	1	3	2	3	5	22	Ⅱ级
13	华重楼	4	3	1	1	4	1	3	5	22	Ⅱ级
14	金线兰	4	4	3	1	3	1	4	5	25	Ⅱ级
15	浙江金线兰	4	4	4	3	4	2	4	4	29	Ⅰ级
16	杜鹃兰	4	2	3	4	5	1	4	4	27	Ⅱ级
17	建兰	4	3	1	1	3	1	3	5	21	Ⅱ级
18	多花兰	4	3	1	1	3	1	3	5	21	Ⅱ级
19	春兰	4	3	1	1	3	1	3	5	21	Ⅱ级
20	寒兰	4	3	1	1	3	1	3	5	21	Ⅱ级
21	钩状石斛	4	3	4	4	4	1	4	4	28	Ⅰ级
22	密花石斛	4	3	5	5	4	1	4	4	30	Ⅰ级
23	重唇石斛	4	3	4	1	2	1	4	4	21	Ⅱ级
24	美花石斛	4	3	5	4	4	1	4	4	29	Ⅰ级
25	罗河石斛	4	4	4	3	3	2	4	4	28	Ⅰ级
26	细茎石斛	4	1	4	2	3	1	4	4	23	Ⅱ级
27	广东石斛	4	5	5	4	5	2	4	4	33	Ⅰ级
28	铁皮石斛	4	5	3	5	4	1	4	5	31	Ⅰ级
29	单葶草石斛	4	4	5	5	5	1	4	4	32	Ⅰ级
30	始兴石斛	4	1	4	3	4	1	4	5	26	Ⅱ级
31	台湾独蒜兰	4	3	1	5	4	2	4	5	28	Ⅱ级
32	短萼黄连	4	4	3	5	5	2	5	4	32	Ⅰ级
33	花榈木	4	3	1	4	5	1	4	5	27	Ⅱ级
34	木荚红豆	4	1	2	2	3	2	3	4	21	Ⅱ级

序号	种名	保护等级	濒危等级	省内分布频度	区内分布频度	区内现存多度	是否中国特有	群落地位	经济价值	总分	优先保护等级
35	软荚红豆	4	1	3	3	4	2	4	4	25	Ⅱ级
36	长穗桑	4	1	4	4	5	2	4	4	28	Ⅱ级
37	伞花木	4	1	3	2	4	2	5	4	25	Ⅱ级
38	金豆	4	3	2	3	4	2	4	4	26	Ⅱ级
39	伯乐树	4	2	1	4	5	1	5	4	26	Ⅱ级
40	金荞麦	4	1	2	2	4	1	3	4	20	Ⅲ级
41	华南羽节紫萁	3	1	1	1	3	1	3	4	17	Ⅲ级
42	小叶买麻藤	1	1	2	1	3	1	3	3	15	Ⅲ级
43	竹柏	1	4	1	4	1	1	3	4	18	Ⅲ级
44	三尖杉	1	1	1	1	3	1	3	4	15	Ⅲ级
45	木莲	1	1	1	1	2	1	3	4	14	Ⅲ级
46	乐昌含笑	2	2	1	1	2	1	3	4	16	Ⅲ级
47	紫花含笑	1	4	2	2	4	2	4	4	23	Ⅱ级
48	金叶含笑	1	1	1	1	3	1	3	4	15	Ⅲ级
49	深山含笑	1	1	1	1	1	2	3	4	12	Ⅲ级
50	观光木	2	3	2	3	3	1	4	4	22	Ⅱ级
51	华南桂	1	3	2	1	2	2	3	4	18	Ⅱ级
52	沉水樟	2	3	3	1	4	1	5	5	24	Ⅱ级
53	香桂	1	1	2	1	3	1	3	4	16	Ⅲ级
54	黑壳楠	1	1	1	1	3	2	3	4	16	Ⅲ级
55	薄叶润楠	1	1	2	1	2	2	3	3	15	Ⅲ级
56	红楠	1	1	1	1	1	1	1	4	11	Ⅲ级
57	草珊瑚	1	1	1	1	1	1	1	4	11	Ⅲ级
58	血红肉果兰	3	3	4	5	5	1	5	3	29	Ⅱ级
59	山珊瑚	3	1	3	4	5	2	4	3	25	Ⅱ级
60	毛萼山珊瑚	3	1	4	4	5	1	4	3	25	Ⅱ级
61	全唇孟兰	3	2	4	2	5	1	4	3	24	Ⅱ级
62	毛莛玉凤花	3	1	3	2	4	2	4	4	23	Ⅱ级
63	鹅毛玉凤花	3	1	2	4	5	1	4	4	24	Ⅱ级
64	线瓣玉凤花	3	1	4	4	5	2	4	4	27	Ⅱ级
65	裂瓣玉凤花	3	1	4	4	5	1	4	4	26	Ⅱ级
66	橙黄玉凤花	3	1	3	1	3	1	3	4	19	Ⅲ级
67	十字兰	3	3	2	5	5	1	4	4	27	Ⅱ级
68	狭穗阔蕊兰	3	1	4	3	4	1	4	3	23	Ⅱ级

（续）

序号	种名	保护等级	濒危等级	省内分布频度	区内分布频度	区内现存多度	是否中国特有	群落地位	经济价值	总分	优先保护等级
69	舌唇兰	3	1	3	3	4	1	4	3	22	Ⅱ级
70	小舌唇兰	3	2	2	3	4	1	4	3	22	Ⅱ级
71	南岭舌唇兰	3	1	4	3	4	1	4	3	23	Ⅱ级
72	东亚舌唇兰	3	2	2	3	4	1	4	3	22	Ⅱ级
73	无柱兰	3	1	1	4	3	1	4	3	20	Ⅲ级
74	葱叶兰	3	1	3	3	4	1	4	3	22	Ⅱ级
75	中华叉柱兰	3	1	3	2	4	1	4	3	21	Ⅲ级
76	钳唇兰	3	1	5	5	5	1	4	3	27	Ⅱ级
77	大花斑叶兰	3	2	3	2	4	1	4	3	22	Ⅱ级
78	多叶斑叶兰	3	1	3	2	3	1	3	3	19	Ⅲ级
79	小斑叶兰	3	1	4	3	4	1	4	3	23	Ⅱ级
80	绿花斑叶兰	3	1	4	1	4	1	4	3	21	Ⅲ级
81	小小斑叶兰	3	3	3	2	4	2	4	3	24	Ⅱ级
82	白肋翻唇兰	3	1	4	1	3	1	3	3	19	Ⅲ级
83	香港绶草	3	1	4	3	4	1	4	4	24	Ⅱ级
84	绶草	3	1	1	3	3	1	3	4	19	Ⅲ级
85	黄唇线柱兰	3	1	5	5	5	2	4	3	28	Ⅱ级
86	线柱兰	3	1	4	5	5	1	4	3	26	Ⅱ级
87	无叶兰	3	1	5	3	4	1	4	3	24	Ⅱ级
88	单唇无叶兰	3	5	5	5	5	2	4	3	32	Ⅰ级
89	北插天天麻	3	1	4	5	4	2	4	4	27	Ⅱ级
90	毛叶芋兰	3	3	5	5	4	1	3	3	27	Ⅱ级
91	虎舌兰	3	1	4	3	4	1	4	3	23	Ⅱ级
92	竹叶兰	3	1	4	3	4	1	4	3	23	Ⅱ级
93	流苏贝母兰	3	1	3	1	1	1	2	4	16	Ⅲ级
94	细叶石仙桃	3	1	3	2	3	2	3	4	21	Ⅱ级
95	石仙桃	3	1	4	2	3	1	3	4	21	Ⅱ级
96	镰翅羊耳蒜	3	1	3	1	3	1	3	3	18	Ⅲ级
97	长苞羊耳蒜	3	5	3	5	4	2	4	3	29	Ⅰ级
98	见血青	3	1	1	1	3	1	3	3	16	Ⅲ级
99	香花羊耳蒜	3	1	3	2	4	1	4	3	21	Ⅲ级
100	长唇羊耳蒜	3	1	3	2	4	2	4	3	22	Ⅱ级
101	狭叶鸢尾兰	3	2	4	4	5	1	4	3	26	Ⅱ级
102	瘤唇卷瓣兰	3	1	4	2	4	1	4	3	22	Ⅱ级

（续）

序号	种名	保护等级	濒危等级	省内分布频度	区内分布频度	区内现存多度	是否中国特有	群落地位	经济价值	总分	优先保护等级
103	广东石豆兰	3	1	2	1	3	2	3	4	19	Ⅲ级
104	齿瓣石豆兰	3	1	4	2	4	2	4	3	23	Ⅱ级
105	斑唇卷瓣兰	3	1	5	2	4	1	4	3	23	Ⅱ级
106	薄叶卷瓣兰	3	1	4	2	4	1	4	3	22	Ⅱ级
107	伞花石豆兰	3	2	5	2	4	1	4	3	24	Ⅱ级
108	单叶厚唇兰	3	1	3	3	3	1	4	3	21	Ⅲ级
109	泽泻虾脊兰	3	1	5	4	4	2	4	3	26	Ⅱ级
110	银带虾脊兰	3	1	5	3	4	2	4	3	25	Ⅱ级
111	肾唇虾脊兰	3	1	5	3	4	1	4	3	24	Ⅱ级
112	钩距虾脊兰	3	1	1	1	3	1	4	3	17	Ⅲ级
113	长距虾脊兰	3	2	4	3	4	1	4	3	24	Ⅱ级
114	黄花鹤顶兰	3	1	3	1	3	1	4	4	20	Ⅲ级
115	鹤顶兰	3	1	4	4	4	1	4	4	25	Ⅱ级
116	台湾吻兰	3	1	3	1	3	1	4	3	19	Ⅲ级
117	苞舌兰	3	1	3	2	3	1	4	3	20	Ⅲ级
118	带唇兰	3	2	2	1	3	2	3	3	19	Ⅲ级
119	兔耳兰	3	1	4	2	4	2	4	3	23	Ⅱ级
120	紫花美冠兰	3	1	4	2	4	1	4	3	22	Ⅱ级
121	无叶美冠兰	3	1	5	2	4	1	4	3	23	Ⅱ级
122	广东异型兰	3	5	5	5	5	2	5	3	33	Ⅰ级
123	大序隔距兰	3	1	3	1	4	1	3	3	19	Ⅲ级
124	黄松盆距兰	3	3	5	5	4	1	4	3	28	Ⅰ级
125	蕈树	1	1	3	2	4	1	3	4	19	Ⅱ级
126	大果马蹄荷	1	1	3	1	4	1	3	4	18	Ⅲ级
127	黄檀	1	2	1	1	3	1	3	4	16	Ⅲ级
128	台湾林檎	1	1	1	2	4	1	4	4	18	Ⅲ级
129	白桂木	1	4	2	1	4	2	3	4	21	Ⅱ级
130	青钩栲	2	3	3	3	4	1	4	4	24	Ⅱ级
131	饭甑青冈	1	1	3	4	5	1	4	4	23	Ⅱ级
132	亮叶桦	1	1	1	1	4	2	4	4	18	Ⅲ级
133	木姜叶柯	1	1	1	2	1	1	3	4	14	Ⅲ级
134	中华杜英	2	1	1	1	3	1	3	3	15	Ⅲ级
135	杜英	2	1	1	2	3	1	3	3	16	Ⅲ级
136	褐毛杜英	2	1	1	1	3	2	2	3	15	Ⅲ级

（续）

序号	种名	保护等级	濒危等级	省内分布频度	区内分布频度	区内现存多度	是否中国特有	群落地位	经济价值	总分	优先保护等级
137	秃瓣杜英	2	1	1	1	2	2	2	4	15	Ⅲ级
138	日本杜英	2	1	1	1	2	1	2	4	14	Ⅲ级
139	猴欢喜	1	1	1	1	3	1	3	4	15	Ⅲ级
140	东方古柯	1	1	2	1	3	1	3	4	16	Ⅲ级
141	天料木	1	1	3	1	3	1	3	4	17	Ⅲ级
142	多花山竹子	1	1	1	1	3	1	3	4	15	Ⅲ级
143	重阳木	1	1	3	1	3	2	3	4	18	Ⅲ级
144	尾叶紫薇	1	2	3	3	4	2	4	4	23	Ⅱ级
145	赤楠	1	1	1	1	2	1	2	4	13	Ⅲ级
146	轮叶蒲桃	1	1	1	1	1	2	1	4	12	Ⅲ级
147	黄连木	1	1	1	5	5	2	4	4	23	Ⅱ级
148	三角槭	1	1	1	2	3	1	3	4	16	Ⅲ级
149	樟叶槭	1	1	3	1	3	1	3	4	17	Ⅲ级
150	无患子	1	1	3	1	3	1	3	4	17	Ⅲ级
151	密花梭罗	1	3	2	3	4	2	4	4	23	Ⅱ级
152	青皮木	1	1	1	1	3	1	3	4	15	Ⅲ级
153	蓝果树	1	1	1	1	2	1	3	4	14	Ⅲ级
154	杨桐	1	1	1	1	2	1	3	4	14	Ⅲ级
155	厚皮香	1	1	1	1	2	1	3	4	14	Ⅲ级
156	虎舌红	3	1	3	3	4	1	4	5	24	Ⅱ级
157	血党	2	1	2	1	3	2	3	4	18	Ⅲ级
158	小果石笔木	1	1	1	1	3	1	3	4	15	Ⅲ级
159	银钟花	2	2	1	2	3	2	4	4	20	Ⅱ级
160	桂花	2	1	1	1	2	2	2	4	15	Ⅲ级
161	条叶龙胆	1	4	2	3	3	1	4	4	22	Ⅲ级
162	铁冬青	1	1	1	1	2	1	3	4	14	Ⅲ级
163	云锦杜鹃	1	1	2	2	2	2	3	4	17	Ⅲ级
164	白花前胡	1	1	1	2	4	2	4	3	18	Ⅲ级
165	车前蕨	1	3	5	3	5	1	4	3	25	Ⅱ级
166	黑老虎	1	3	2	1	3	1	3	3	17	Ⅲ级
167	龙眼润楠	1	4	4	2	3	2	3	3	22	Ⅱ级
168	利川慈姑	1	3	3	3	4	2	4	4	24	Ⅱ级
169	多枝霉草	1	4	5	4	4	1	4	3	26	Ⅱ级
170	闽粤蚊母树	1	3	4	5	5	2	4	3	27	Ⅱ级

（续）

序号	种名	保护等级	濒危等级	省内分布频度	区内分布频度	区内现存多度	是否中国特有	群落地位	经济价值	总分	优先保护等级
171	半枫荷	1	3	1	2	4	2	5	4	22	Ⅱ级
172	小尖堇菜	1	3	4	2	2	2	4	3	21	Ⅲ级
173	红花香椿	1	3	1	2	3	1	3	4	18	Ⅲ级
174	吴茱萸五加	1	3	3	3	4	1	4	4	23	Ⅱ级
175	龙南后蕊苣苔	1	2	5	5	4	2	4	1	24	Ⅱ级
176	湖南凤仙花	1	1	4	1	3	1	2	1	14	Ⅲ级

江西九连山珍稀保护植物优先保护状况评价中，Ⅰ级优先保护珍稀植物有5科10属16种，分别占本区域珍稀保护植物科、属、种的8.9%、9.1%、9.1%；主要代表种为苏铁蕨、福建柏、江南油杉、短萼黄连、铁皮石斛等，Ⅱ级优先保护珍稀植物有25科57属90种，分别占本区域珍稀保护植物科、属、种的44.6%、51.8%、51.1%；主要代表种为桧叶白发藓、长柄石杉、南方红豆杉、闽楠、金线兰、杜鹃兰、建兰、多花兰、春兰、寒兰、花榈木、长穗桑、伞花木、金豆、伯乐树等，Ⅲ级优先保护珍稀植物有37科57属70种，分别占本区域珍稀保护植物科、属、种的66.1%、51.8%、39.8%；主要代表种为福建莲座蕨、金毛狗蕨、小叶买麻藤、竹柏、三尖杉、乐昌含笑等。

将评价结果与国家重点保护野生植物名录中的保护级别相比较，属于国家一级重点保护野生植物的南方红豆杉被列为优先保护Ⅱ级，属于国家二级重点保护野生植物的福建莲座蕨、金毛狗蕨、金荞麦被列为优先保护Ⅲ级，这4种植物在江西九连山数量较多，成为建群种、优势种；有12种国家二级、4种江西省1级重点保护野生植物被列为优先保护Ⅰ级，原属于国家二级重点保护野生植物的福建柏、江南油杉、短萼黄连，因为生境改变、人为砍伐等，资源数量锐减；浙江金线兰、钩状石斛、铁皮石斛等因有很高的药用价值，在被列入国家二级重点保护野生植物前资源受到严重破坏，濒临灭绝；有25种（占国家重点保护野生植物种类62%）国家二级重点保护野生植物保留优先保护Ⅱ级，这表明《国家重点保护野生植物名录》（2021年）、《江西省重点保护野生植物名录》（2005年）、《中国生物多样红色名录——高等植物卷》（2013年）等名录对于我国珍稀保护植物的保护研究起到了关键性的指导作用，但这些名录制定是基于全国范围统筹考虑的，由于我国幅员辽阔，地理环境差异较大，必然导致不同地区的植物情况有所不同，不能单纯地套用这些名录对各地的植物进行保护研究。

5

江西九连山珍稀保护植物资源濒危因素与保护对策

5.1 江西九连山珍稀保护植物资源濒危因素

5.1.1 自然因素

自然灾害的影响。极端气候事件（如洪涝、冰雪、高温干旱等）的发生频率和强度增加，也会导致珍稀保护植物的栖息地遭到破坏，使珍稀保护植物生存受到威胁。2008年的冰冻雪灾，导致部分常绿阔叶林的树冠折断或整株倾倒，严重影响了这些植物的生长发育，同时造成附生兰失去了生存的生境，如石斛属植物的钩状石斛、重唇石斛、广东石斛、始兴石斛以及石仙桃属植物的石仙桃、狭叶石仙桃和隔距兰属的大序隔距兰等从空中落掉到地面，同时也导致大多数地生兰和腐生兰的生境遭到了破坏；2019年6月10日九连山暴发特大山洪，导致整个九连山河谷水势暴涨，河谷两侧的乔木、灌木和地被植物尽毁，生长在河谷两侧的珍稀保护植物遭到了毁灭性的破坏，如虾公塘沟谷两边分布的金毛狗、华重楼、金线兰等，在洪水的冲刷下，存活下来的植株不到原先的四分之一；每年的台风带来的强降雨造成的塌方对珍稀保护植物的生存也带来较大的影响，生长在公路两侧的珍稀保护植物常被塌方掩埋。

植物的自身生物学特性。生殖障碍是珍稀保护植物普遍存在的问题，是在长期历史演化过程中逐渐形成的。如伯乐树依靠菌根菌吸收水分和营养物质、南方红豆杉种子需要2年才能萌芽，兰科植物种子通常没有胚乳，需要在高温、高湿、有共生菌参与下才能萌发，这些因子都影响了珍稀植物种群生存与发展。

生境孤岛化。一些珍稀保护植物生长需要特殊的生态条件，如伯乐树、石斛等，从分布区域来看，均成岛屿状，因各地生产经营活动造成生境的片断化、孤岛化，容易使得这些珍稀保护植物种群数量稀少而处于濒危状态。

5.1.2 人为因素

过度开发。长期以来，人类把野生植物当作食品、药材、工业用原材料加以利用，一些植物具有较高的经济价值、药用价值、观赏价值，被人们采用掠夺手段进行开发利用，资源很快趋于枯竭。一些珍贵木材，如南方红豆杉、闽楠、花榈木、江南油杉、樟树等，由于过度砍伐，致使种群数量急剧减少，仅少量保存在深山老林中，成为濒危树种；一些药用价值较高的植物，如短萼黄连、金线兰、铁皮石斛等，被长期毁灭性采挖，导致野生资源锐减甚至灭绝；一些观赏性较高的树种如桂花、竹柏、紫薇大树等，被大量非法采挖收购，现存野生资源数量非常稀少，均列入保护名录。

生态环境被严重破坏。人们长期以来的森林采伐、毁林开荒等，导致生境改变，人类生产生活所释放排放的杀虫剂、污水、废气等，摧毁了土壤种子库、土壤结构、土壤微生物环境，这是植物赖以生存的物质条件，从而威胁到珍稀保护植物的生存。自从九连山保护区建立以来，宣传和执法力度不断加大，增强了公众的保护意识，使动植物资源得到了有效保护。

5.2 保护对策

5.1.1 加强调查，摸清家底，开展科研监测

全面地收集各种珍稀保护植物的资源信息，建立适当的生态监测样点，加强对珍稀保护植物所在群落的监测，可以有效地预知种群的生长走向；建立信息库，进一步研究珍稀保护植物多样性的信息网络及动态监测技术，以便对其进行更有效的管理与保护。

5.2.2 确定优先保护名录，进行重点保护

《国家重点保护野生植物名录》(2021年)、《江西省重点保护野生植物名录》(2005年)、《中国生物多样红色名录——高等植物卷》(2013年)中记录的濒危等级只是反映了该物种在目前所面临濒危灭绝的可能性，只能作为一定的参考依据，不足以说明该物种在九连山的保护优先次序，需结合当地的资源存有量、保护的急迫性、相关的技术可行性以及保护成本等，从而作出保护优先次序。

5.2.3 做好原地保护

珍稀保护植物与生境的关系十分密切，大多数的物种长期生活在固定的生态系统中，已经适应了环境本身，通过就地保护的方式，不仅能够保护物种，也保护珍稀保护植物赖以生存的生态环境，对物种实施保护的最终目的是使其能持续生存并保持进化潜力，而这只有在以保护生境为基础的就地保护中才能得到实现，就地保护是保护珍稀保护植物最有效的途径。

5.2.4 进行迁地保护，开展"回归"研究

迁地保护就是将植物的部分组织或个体等从原来的生长环境移出，迁到另一个新的自然环境。这与就地保护有本质差别，已逐渐成为全球生物多样性保护行动计划的关键举措之一。对于遭受到严重破坏、生存受到威胁的濒危种类，进行迁地保护，更便于对濒危植物进行规模化的管理和保护。如果说就地保护是生物多样性保护最为有效的一项措施，而迁地保护就是拯救可能灭绝生物的最后机会。一般情况下，当物种的种群数量极低，或物种原有生存环境被自然或者人为因素破坏甚至不复存在时，迁地保护就成为保护物种的重要手段。同时，引进人工快速繁殖技术，加快濒危植物的繁殖，开展"回归"自然的研究，扩大野生居群及分布范围，缓解野生资源生存压力。

5.2.5 加大执法和宣传力度，提高公民保护意识

随着经济社会发展，人类活动增多，修路、修水电站、乱采滥控和自然灾害的影响等成为威胁野生植物的重要因素。由于公众对植物资源保护的重要性仍缺乏意识，特别是对丧失植物多样性的后果认识不足。因此，要加大宣传教育力度，让公众了解植物保护的意义，通过各种途径提高公众的保护意识，明确植物资源保护的最终目的是可持续发展和永续利用，就是保护自己的子孙后代。

6

江西九连山珍稀保护植物

6.1 苔藓植物

桧叶白发藓 白发藓科Leucobryaceae 白发藓属*Leucobryum*

Leucobryum juniperoideum (Brid.) C. Muell.

保护级别		CITES 附录	IUCN 级别	中国生物多样性红色名录——高等植物卷（2013年）	中国高等植物受威胁物种名录（2017年）	中国特有	
国家级 二级	江西省级			LC		是	否 √

生物学特征 植物体浅绿色，密集丛生，高达3cm。茎单一或分枝。叶群集，干时紧贴，湿时直立展出或略弯曲，长5~8mm，宽1~2mm，基部卵圆形，内凹，上部渐狭，呈披针形或近筒状，先端兜形或具细尖头；中肋平滑，无色细胞背面2~4层，腹面1~2层。上部叶细胞2~3行，线形，基部叶细胞5~10行，长方形或近方形。本种植物体变异较大，但多数叶片较短，先端兜形。

分布及生境 九连山零星广布，生于海拔较高的阔叶林内石壁处。

用途 优良观赏藓类。

受危因素 生境变化，自然灾害，人为采挖。

保护策略 保护生境地，迁地栽培。

6.2 石松与蕨类植物

长柄石杉　石松科 Lycopodiaceae　石杉属 *Huperzia*

Huperzia javanica (Sw.) Fraser-Jenk.

保护级别		CITES 附录	IUCN 级别	中国生物多样性红色名录——高等植物卷（2013年）	中国高等植物受威胁物种名录（2017年）	中国特有	
国家级 二级	江西省级			EN		是 √	否

生物学特征 土生植物，茎直立或斜生，高10～30cm，直径1.5～3mm，枝连叶宽1.5～4.0cm，2～4回二叉分枝。叶稀疏，有光泽，狭椭圆形，显著向基部收缩，薄革质，两面无毛，中脉突起，基部下延，具叶柄，边缘直而不皱，具不规则齿。孢子囊黄色，肾形。

分布及生境 九连山广布，生于沟谷林下阴湿处。

用途 全草入药，有清热解毒、生肌止血、散瘀消肿的功效，治跌打损伤、瘀血肿痛、内伤出血，外用治痈疔肿毒、毒蛇咬伤、烧烫伤等。

受危因素 生境变化，自然灾害，人为采挖。

保护策略 保护生境地，迁地栽培。

闽浙马尾杉　　石松科Lycopodiaceae　马尾杉属*Phlegmariurus*

Phlegmariurus mingcheensis (Ching) L. B. Zhang

保护级别	CITES 附录	IUCN 级别	中国生物多样性红色名录——高等植物卷（2013年）	中国高等植物受威胁物种名录（2017年）	中国特有	
国家级　江西省级　二级			LC		是 √	否

生物学特征 中型附生植物。茎簇生，成熟枝直立或稍下垂，一到数次分叉，高15～35cm。叶稀疏，螺旋排列，有光泽，披针形，纸质，基部楔形、下延，边缘全缘，无柄，中脉不明显，先端锐尖。孢子囊生于叶腋，淡黄色，圆肾形。

分布及生境 润洞林下石壁上附生，比较少见。

用途 可入药用于治疗泄泻、头痛、高热、咳嗽。

受危因素 生境变化，自然灾害，人为采挖。

保护策略 保护生境地，迁地栽培。

华南马尾杉 石松科 Lycopodiaceae　马尾杉属 *Phlegmariurus*

Phlegmariurus austrosinicus (Ching) Li Bing Zhang

保护级别		CITES 附录	IUCN 级别	中国生物多样性红色名录——高等植物卷（2013年）	中国高等植物受威胁物种名录（2017年）	中国特有	
国家级 二级	江西省级		NT	NT		是	否 √

生物学特征 中型附生蕨类。茎簇生，成熟枝下垂，二到数次分叉，长20～70 cm。叶螺旋排列，营养叶有光泽，椭圆形，革质，基部楔形、下延，具柄，边缘全缘，先端钝。孢子叶疏生，椭圆状披针形，边缘全缘，先端锐尖。孢子囊淡黄色，圆肾形。

分布及生境 大丘田常绿阔叶林石壁上附生，比较少见。

用途 可用于治疗关节疼痛、跌打损伤、四肢麻木、咳嗽、气喘、尿路感染。

受危因素 生境变化，自然灾害，人为采挖。

保护策略 保护生境地，迁地栽培。

福建莲座蕨

（别名：福建观音座莲）

合囊蕨科 Marattiaceae　　观音座莲属 *Angiopteris*

Angiopteris fokiensis Hieron.

保护级别		CITES 附录	IUCN 级别	中国生物多样性红色名录——高等植物卷（2013年）	中国高等植物受威胁物种名录（2017年）	中国特有	
国家级 二级	江西省级			LC		是	否 √

生物学特征　植株高2~4m。叶柄粗壮，瘤状突起；叶片二回羽状，羽片长50~60cm，宽20~50cm，小羽片35~40对，小羽片披针形，基部截形或圆形，顶端渐尖；叶脉明显，无倒行假脉。孢子囊群棕色，长圆形，长约1mm，距叶缘0.5~1mm，由8~10个孢子囊组成。

分布及生境　九连山广布，生长在沟谷林下或路旁阴湿处，常见。

用途　作为园林植物栽培用于观赏，根状茎供药用，味淡、微甘、性凉。疏风祛瘀，清热解毒，凉血止血，安神。

受危因素　生境变化，自然灾害，人为采挖。

保护策略　加强生境地保护，迁地栽培。

华南羽节紫萁

（别名：华南紫萁）

紫萁科 Osmundaceae　羽节紫萁属 *Plenasium*

Plenasium vachellii (Hook.) C. Presl

保护级别		CITES 附录	IUCN 级别	中国生物多样性红色 名录——高等植物卷 （2013年）	中国高等植物受威胁 物种名录 （2017年）	中国特有	
国家级	江西省级 1		NT/LC	LC		是	否 √

生物学特征 根状茎直立，粗肥，木质。叶一回羽状，羽片15～20对，近对生，斜向上，相距2cm，具短柄；营养叶线状披针形，基部为狭楔形，具短柄，以关节着生在叶轴上，全缘或稍波状，先端渐尖。下部羽片为能育，羽片紧缩为线形，生孢子囊，孢子囊穗深棕色。

分布及生境 九连山广布，生于沟谷林下阴湿处。

用途 庭院栽培用于观赏，药用主治流感、痈肿疮疖、妇女带下、筋脉拘挛、胃痛、肠道寄生虫病。

受危因素 生境变化，人为采挖。

金毛狗蕨 金毛狗科Cibotiaceae 金毛狗属*Cibotium*

Cibotium barometz (L.) J. Sm.

保护级别	CITES 附录	IUCN 级别	中国生物多样性红色名录——高等植物卷（2013年）	中国高等植物受威胁物种名录（2017年）	中国特有	
国家级　江西省级 二级			LC		是	否
						√

生物学特征 根状茎卧生，粗大，被有光泽的棕色长毛。叶柄粗壮，高达1m，基部为三角形，具浓密早落贴伏的毛；叶片三回羽状，羽片多数，互生，有柄，下部羽片略缩短，向下弯曲，小羽片有短柄；叶近革质，正面深绿色，背面为灰白蓝色，两面光滑。孢子囊1～5对生于小脉顶端，成熟时张开如蚌壳。

分布及生境 九连山广布，生于沟谷林下、林缘或路旁。

用途 庭院栽培用于观赏，根状茎上的长毛是良好的止血药。

受危因素 生境变化，自然灾害，人为采挖。

保护策略 加强生境地保护，迁地栽培。

车前蕨 凤尾蕨科 Pteridaceae 车前蕨属 *Antrophyum*

Antrophyum henryi Hieron.

保护级别		CITES 附录	IUCN 级别	中国生物多样性红色名录——高等植物卷（2013年）	中国高等植物受威胁物种名录（2017年）	中国特有	
国家级	江西省级	VU	VU	VU	VU	是	否
							√

生物学特征 根状茎纤细，横卧或直立，先端密被鳞片；鳞片灰褐色，边缘具明显的睫毛状齿，狭披针形。叶簇生，线状披针形，无柄，长 5～15cm，宽 0.8～1.5cm，中部或中上部最宽，顶端狭尖头，下部下延到底；叶近革质，两面光滑。孢子囊群线形，近平行，叶片下部 1/3 不育；隔丝宽带状。

分布及生境 大丘田沟谷林下阴湿的岩石上附生。

用途 全草可入药，用于治疗咽喉肿痛、关节肿痛等疾病。

受危因素 生境变化，自然灾害，人为采挖。

保护策略 加强生境地保护，迁地栽培。

苏铁蕨 乌毛蕨科 Blechnaceae 苏铁蕨属 *Brainea*

Brainea insignis (Hook.) J. Sm.

保护级别		CITES 附录	IUCN 级别	中国生物多样性红色名录——高等植物卷（2013年）	中国高等植物受威胁物种名录（2017年）	中国特有	
国家级 二级	江西省级		VU	VU		是	否
							√

生物学特征 植株高达1.5m，主轴直立或斜上，粗10～15cm，黑褐色，木质，坚实。叶簇生于主轴的顶部，略呈二型；叶柄棕禾秆色；叶片椭圆披针形，一回羽状；羽片线状披针形至狭披针形；叶脉两面均明显，沿主脉两侧各有1行三角形或多角形网眼，网眼外的小脉分离，单一或一至二回分叉。孢子囊群沿主脉两侧的小脉着生，成熟时逐渐满布于主脉两侧，最终满布能育羽片的下面。

分布及生境 生于大丘田林下或路旁的向阳处。

用途 庭院栽培用于观赏，全草入药有清热解毒、活血止血、驱虫的作用，主治感冒、烧伤、外伤出血、蛔虫病。

受危因素 生境变化，自然灾害，人为采挖。

保护策略 加强生境地保护，迁地栽培。

6.3 种子植物

南方红豆杉

（别名：山杉树）

红豆杉科 Taxaceae 红豆杉属 *Taxus*

Taxus wallichiana var. *mairei* (Lemee & H. Léveillé) L. K. Fu & Nan Li

保护级别		CITES 附录	IUCN 级别	中国生物多样性红色名录——高等植物卷（2013年）	中国高等植物受威胁物种名录（2017年）	中国特有	
国家级 一级	江西省级	II	VU	VU	VU	是	否
							√

生物学特征 常绿乔木，高达30m；树皮灰褐色、红褐色或暗褐色，裂成条片脱落。叶排列成二列，镰刀状弯曲，长2～4cm，宽0.3～0.5cm，中脉上面凸起，下面具两条绿色气孔带。种子生于杯状红色肉质假种皮中。花期3月，果期11月。

分布及生境 九连山坪坑、横坑水、墩头、黄牛石有分布，生于海拔400～1000m的山坡林中。

用途 心材橘红色，边材淡黄褐色，纹理直，结构细，坚实耐用，干后少开裂，可做建筑、车辆、家具、器具、农具及文具等用材。树皮、种子含紫杉醇，是目前世界上公认的治疗癌症最好的药物。

受危因素 生境变化，自然灾害，人为采挖。

保护策略 ①恢复生态环境，加强资源保护，查清资源数量、分布区域、生长状况。②开展资源监测，建立资源档案、信息系统。③积极开展种质资源收集与保存，做好药用性状、材用性状等优树选育，进行迁地保护。

福建柏 （别名：建柏）

柏科 Cupressaceae　福建柏属 *Fokienia*

Fokienia hodginsii (Dunn) A. Henry et Thomas

保护级别	CITES 附录	IUCN 级别	中国生物多样性红色名录——高等植物卷（2013年）	中国高等植物受威胁物种名录（2017年）	中国特有	
国家级　江西省级 二级		VU	VU	VU	是	否
						√

生物学特征　乔木；树皮紫褐色，平滑。生鳞叶的小枝扁平，排成一平面，2、3年生枝褐色，光滑，圆柱形。鳞叶2对交叉对生，成节状，生于幼树或萌芽枝上的中央之叶呈楔状倒披针形，两侧具凹陷的白色气孔带。雄球花近球形。球果近球形，熟时褐色；种鳞顶部多角形，表面皱缩稍凹陷，中间有一小尖头突起，种子顶端尖，具3～4棱。花期3～4月，种子翌年10—11月成熟。

分布及生境　龙南小武当有分布，生于海拔500～800m的山坡林中。

用途　木材的边材淡红褐色，心材深褐色，纹理细致，坚实耐用，可做房屋建筑、桥梁、土木工程及家具等用材。生长快，材质好，可选作造林树种。

受危因素　生境变化，人为采挖。

保护策略　①恢复生态环境，加强资源保护，查清资源数量、分布区域、生长状况。②开展资源监测，建立资源档案、信息系统。③积极开展种质资源收集与保存，进行迁地保护。

江南油杉　松科Pinaceae　油杉属*Keteleeria*

Keteleeria fortunei var. *cyclolepis* (Flous) Silba

保护级别		CITES 附录	IUCN 级别	中国生物多样性红色 名录——高等植物卷 （2013年）	中国高等植物受威胁 物种名录 （2017年）	中国特有	
国家级 二级	江西省级	LC	LC	LC	VU	是	否
							√

生物学特征 乔木；树皮灰褐色，不规则纵裂；1年生枝干呈红褐色、褐色或淡紫褐色，枝条有毛。叶条形，在侧枝上排列成两列，先端圆钝或微凹，边缘多少卷曲或不反卷，上面光绿色，下面被白粉。球果圆柱形或椭圆状圆柱形。种子10月成熟。

分布及生境 龙南安基山林场下洞、上寨洞有零星分布，生于海拔400～600m的山坡林中。

用途 材质致密、纹理美观，可做家具、建筑、造船等用材；树形优美，枝叶浓密，为优良观赏树种。

受危因素 生境变化，人为砍伐。

保护策略 ①恢复生态环境，加强资源保护，查清资源数量、分布区域、生长状况。②开展资源监测，建立资源档案、信息系统。③积极开展种质资源收集与保存，进行迁地保护。④开展人工繁育研究，开展人工回归自然研究，扩大野生种群数量及分布范围，缓解野生资源生存压力。

天竺桂 （别名：土肉桂、辣桂）

樟科 Lauraceae　樟属 *Cinnamomum*

Cinnamomum japonicum Sieb.

保护级别		CITES 附录	IUCN 级别	中国生物多样性红色 名录——高等植物卷 （2013年）	中国高等植物受威胁 物种名录 （2017年）	中国特有	
国家级 二级	江西省级	LC	VU	VU		是	否
							√

生物学特征 常绿乔木。叶近对生或在枝条上部者互生，卵圆状长圆形至长圆状披针形，离基三出脉。圆锥花序腋生。果长圆形，果托浅杯状，顶部极开张，边缘极全缘或具浅圆齿，基部骤然收缩成细长的果梗。花期4—5月，果期7—9月。

分布及生境 九连山保护区虾公塘有分布，生于海拔800～1000m的山坡林中。

用途 枝叶及树皮可提取芳香油，供制各种香精及香料。果核含脂肪，供制肥皂及润滑油。木材坚硬而耐久，耐水湿，可做建筑、造船、桥梁、车辆及家具等用材。

受危因素 生境变化，人为剥皮、砍伐及采挖。

保护策略 ①恢复生态环境，加强资源保护，查清资源数量、分布区域、生长状况。②开展资源监测，建立资源档案、信息系统。

闽楠 （别名：楠木、竹叶楠）

樟科 Lauraceae　楠属 *Phoebe*

Phoebe bournei (Hemsl.) Yang

保护级别		CITES 附录	IUCN 级别	中国生物多样性红色名录——高等植物卷（2013年）	中国高等植物受威胁物种名录（2017年）	中国特有	
国家级 二级	江西省级		NT/EN	VU	VU	是 √	否

生物学特征 常绿乔木；树皮黄褐色至灰白色；树干通直，少分枝，小枝无毛。单叶，革质，披针形或倒披针形，先端渐尖，基部楔形，叶下面有短毛。圆锥花序生于新枝中下部，被毛。果椭圆形或长圆形，宿存花被片被毛。花期4月，果期10—11月。

分布及生境 九连山全山有零星分布，生于海拔200～900m的山坡林中。

用途 树形优美，树冠浓绿，是优良的园林绿化树种。树枝致密坚韧，不易反翘开裂，加工容易，削面光滑，纹理美观，木材有香气、芳香耐久，为金丝楠木中一种，为上等家具、建筑、工艺雕刻及造船用材。

受危因素 生境变化，人为砍伐。

保护策略 ①恢复生态环境，加强资源保护，查清资源数量、分布区域、生长状况。②开展资源监测，建立资源档案、信息系统。③积极开展种质资源收集与保存，做好药用性状、材用性状等优树选育，进行迁地保护。④开展人工繁育研究，探索人工种植最佳模式，满足市场需求。

华重楼

（别名：七叶一枝花）

藜芦科 Melanthiaceae　重楼属 *Paris*

Paris polyphylla var. *chinensis* (Franch.) Hara

保护级别		CITES 附录	IUCN 级别	中国生物多样性红色名录——高等植物卷（2013年）	中国高等植物受威胁物种名录（2017年）	中国特有	
国家级二级	江西省级3		VU	VU	VU	是	否
							√

生物学特征　植株高35～100cm，无毛。根状茎粗厚，直径达1～2.5cm，外面棕褐色，密生多数环节和许多须根，茎通常带紫红色，基部有灰白色干膜质的鞘1～3枚。叶7～10枚，矩圆形、叶柄明显。花梗长5～16（30）cm，外轮花被片绿色，4～6枚，狭卵状披针形，内轮花被片狭条形，内轮花被片通常短于外轮。花期5—7月，果期8—10月。

分布及生境　九连山全山有零星分布，生于海拔300～900m的阔叶林下阴湿处。

用途　茎块具败毒抗癌、消肿止痛、清热定惊、镇咳平喘等效用。

受危因素　生境变化，自然灾害，人为采挖。

保护策略　①恢复生态环境，加强资源保护，查清资源数量、分布区域、生长状况。②开展资源监测，建立资源档案、信息系统。③积极开展种质资源收集与保存，做好药用性状优株选育，进行迁地保护。④开展无菌播种、组培快繁研究，探索人工种植最佳模式，满足市场需求；开展人工回归自然研究，扩大野生种群数量及分布范围，缓解野生资源生存压力。

金线兰

（别名：金线峰）

兰科 Orchidaceae　　开唇兰属 *Anoectochilus*

Anoectochilus roxburghii (Wall.) Lindl.

保护级别		CITES 附录	IUCN 级别	中国生物多样性红色名录——高等植物卷（2013年）	中国高等植物受威胁物种名录（2017年）	中国特有	
国家级 二级	江西省级	II	EN	EN	EN	是	否
							√

生物学特征 植株高8~18cm。根状茎匍匐，伸长，肉质，具节，节上生根。茎直立，肉质，圆柱形，具（2~）3~4枚叶。叶片卵圆形或卵形，长1.3~3.5cm，宽0.8~3cm，上面暗紫色或黑紫色，具金红色带有绢丝光泽的美丽网脉，背面淡紫红色，先端近急尖或稍钝，基部近截形或圆形，骤狭成柄；叶柄长4~10mm，基部扩大成抱茎的鞘。总状花序具2~6朵花，长3~5cm；花序轴淡红色，和花序梗均被柔毛，花序梗具2~3枚鞘苞片；花苞片淡红色，卵状披针形或披针形，长6~9mm，宽3~5mm，先端长渐尖，长约为子房长的2/3；子房长圆柱形，不扭转，被柔毛，连花梗长1~1.3cm；花白色或淡红色，不倒置（唇瓣位于上方）；萼片背面被柔毛，中萼片卵形，凹陷呈舟状，长约6mm，宽2.5~3mm，先端渐尖，与花瓣黏合呈兜状；侧萼片张开，偏斜的近长圆形或长圆状椭圆形，长7~8mm，宽2.5~3mm，先端稍尖；花瓣质地薄，近镰刀状，与中萼片等长；唇瓣长约12mm，呈"Y"字形，基部具圆锥状距，前部扩大并2裂，其裂片近长圆形或近楔状长圆形，长约6mm，宽1.5~2mm，全缘，先端钝，中部收狭成长4~5mm的爪，其两侧各具6~8条长4~6mm的流苏状细裂条，基部具距，距长5~6mm，上举指向唇瓣，末端2浅裂，内侧在靠近距口处具2枚肉质的胼胝体；蕊柱短，长约2.5mm，前面两侧各具1枚宽、片状的附属物；花药卵形，长4mm；蕊喙直立，叉状2裂；柱头2个，离生，位于蕊喙基部两侧。花期（8—）9—11（—12）月。

分布及生境 九连山全山有零星分布，生于海拔500～1000m的常绿阔叶林下或沟谷阴湿处。

用途 全草药用，具有滋补、止痛、镇咳等功效；园林观赏。

受危因素 生境变化，自然灾害，种子萌发困难，人为采挖。

保护策略 ①恢复生态环境，加强资源保护，查清资源数量、分布区域、生长状况。②开展资源监测，建立资源档案、信息系统。③积极开展种质资源收集与保存，做好药用性状、观赏用性状等优株选育，进行迁地保护。④开展无菌播种、组培快繁研究，探索人工种植最佳模式，满足市场需求；开展人工回归自然研究，扩大野生种群数量及分布范围，缓解野生资源生存压力。

浙江金线兰

兰科 Orchidaceae　开唇兰属 *Anoectochilus*

Anoectochilus zhejiangensis Z. Wei et Y. B. Chang

保护级别		CITES 附录	IUCN 级别	中国生物多样性红色 名录——高等植物卷 （2013年）	中国高等植物受威胁 物种名录 （2017年）	中国特有	
国家级 二级	江西省级	II	EN	EN	EN	是 √	否

生物学特征 植株高8～16cm。根状茎匍匐，淡红黄色，具节，节上生根。茎淡红褐色，肉质，被柔毛，下部集生2～6枚叶，叶上具1～2枚鞘状苞片。叶片稍肉质，宽卵形至卵圆形，长0.7～2.6cm，宽0.6～2.1cm，先端急尖，基部圆形，边缘微波状，全缘，上面呈鹅绒状、绿紫色，具金红色带绢丝光泽的美丽网脉，背面略带淡紫红色，基部骤狭成柄；叶柄长约6mm，基部扩大成抱茎的鞘。总状花序具1～4朵花，花序轴被柔毛；花苞片卵状披针形，膜质，长约6.5mm，宽约3.5mm，先端渐尖，背面被短柔毛，与子房近等长或稍长；子房圆柱形，不扭转，淡红褐色，被白色柔毛，连花梗长约6mm；花不倒置（唇瓣位于上方）；萼片淡红色，近等长，长约5mm，背面被柔毛，中萼片卵形，凹陷呈舟状，先端急尖，与花瓣黏合呈兜状，侧萼片长圆形，稍偏斜；花瓣白色，倒披针形至倒披针形；唇瓣白色，呈"Y"字形，基部具圆锥状距，中部收狭成长4mm、两侧各具1枚鸡冠状褶片且其边缘具（2～）3～4（～5）枚长约3mm小齿的爪，前部扩大并2深裂，裂片斜倒三角形，长约6mm，上部宽约5mm，边缘全缘；距长约6mm，上举，向唇瓣方向翘起几成"U"字形，末端2浅裂，其内具2枚瘤状胼胝体，胼胝体生于距中部从蕊柱紧靠唇瓣处伸入距内的2条褶片状脊上；蕊柱短；蕊喙直立，叉状2裂；柱头2个，离生，位于蕊喙的基部两侧。花期7—9月。

　　本种营养体与金线兰颇相似，但唇瓣前部的2枚裂片较宽，呈倒斜三角形，爪部两侧各具1枚，上面具3~4枚小齿的鸡冠状褶片，决非流苏状而易区别。

分布及生境　九连山全山有零星分布，生于海拔500~1000m的常绿阔叶林下或沟谷阴湿处。

用途　全草药用，具有滋补、止痛、镇咳等功效；园林观赏。

受危因素　生境变化，自然灾害，种子萌发困难，人为采挖。

保护策略　①恢复生态环境，加强资源保护，查清资源数量、分布区域、生长状况。②开展资源监测，建立资源档案、信息系统。③积极开展种质资源收集与保存，做好药用性状、观赏用性状等优株选育，进行迁地保护。④开展无菌播种、组培快繁研究，探索人工种植最佳模式，满足市场需求；开展人工回归自然研究，扩大野生种群数量及分布范围，缓解野生资源生存压力。

杜鹃兰 兰科 Orchidaceae 杜鹃兰属 *Cremastra*

Cremastra appendiculata (D. Don) Makino

保护级别		CITES 附录	IUCN 级别	中国生物多样性红色名录——高等植物卷（2013年）	中国高等植物受威胁物种名录（2017年）	中国特有	
国家级 二级	江西省级	II		NT		是	否
							√

生物学特征 假鳞茎卵球形或近球形，长1.5～3cm，直径1～3cm，密接，有关节，外被撕裂成纤维状的残存鞘。叶通常1枚，生于假鳞茎顶端，狭椭圆形、近椭圆形或倒披针状狭椭圆形，长18～34cm，宽5～8cm，先端渐尖，基部收狭，近楔形；叶柄长7～17cm，下半部常为残存的鞘所包蔽。花葶从假鳞茎上部节上发出，近直立，长27～70cm；总状花序长（5～）10～25cm，具5～22朵花；花苞片披针形至卵状披针形，长（3～）5～12mm；花梗和子房长（3～）5～9mm；花常偏花序一侧，多少下垂，不完全开放，有香气，狭钟形，淡紫褐色；萼片倒披针形，从中部向基部骤然收狭而成近狭线形，全长2～3cm，上部宽3.5～5mm，先端急尖或渐尖；侧萼片略斜歪；花瓣倒披针形或狭披针形，向基部收狭成狭线形，长1.8～2.6cm，上部宽3～3.5mm，先端渐尖；唇瓣与花瓣近等长，线形，上部1/4处3裂；侧裂片近线形，长4～5mm，宽约1mm；中裂片卵形至狭长圆形，长6～8mm，宽3～5mm，基部在两枚侧裂片之间具1枚肉质突起；肉质突起大小变化甚大，上面有时有疣状小突起；蕊柱细长，长1.8～2.5cm，顶端略扩大，腹面有时有很狭的翅。蒴果近椭圆形，下垂，长2.5～3cm，宽1～1.3cm。花期5—6月，果期9—12月。

分布及生境 九连山虾公塘有分布，生于海拔400～700m的林下湿地或沟边湿地上。

用途 药用与园林观赏。

受危因素 生境变化，自然灾害，种子萌发困难，人为采挖。

保护策略 ①恢复生态环境，加强资源保护，查清资源数量、分布区域、生长状况。②开展资源监测，建立资源档案、信息系统。③积极开展种质资源收集与保存，做好药用性状、观赏用性状等优株选育，进行迁地保护。④开展无菌播种、组培快繁研究，探索人工种植最佳模式，满足市场需求；开展人工回归自然研究，扩大野生种群数量及分布范围，缓解野生资源生存压力。

建兰

（别名：四季兰、山兰）

兰科Orchidaceae　兰属*Cymbidium*

Cymbidium ensifolium (L.) Sw.

保护级别		CITES 附录	IUCN 级别	中国生物多样性红色名录——高等植物卷（2013年）	中国高等植物受威胁物种名录（2017年）	中国特有	
国家级 二级	江西省级	II	VU	VU	VU	是	否 √

生物学特征　地生草本。假鳞茎卵球形，长1.5～2.5cm，宽1～1.5cm，包藏于叶基之内。叶2～4（～6）枚，带形，有光泽，长30～60cm，宽1～1.5（～2.5）cm，前部边缘有时有细齿，关节位于距基部2～4cm处。花葶从假鳞茎基部发出，直立，长20～35cm或更长，但一般短于叶；总状花序具3～9（～13）朵花；花苞片除最下面的1枚长可达1.5～2cm外，其余的长5～8mm，一般不及花梗和子房长度的1/3，至多不超过1/2；花梗和子房长2～2.5（～3）cm；花常有香气，色泽变化较大，通常为浅黄绿色而具紫斑；萼片近狭长圆形或狭椭圆形，长2.3～2.8cm，宽5～8mm；侧萼片常向下斜展；花瓣狭椭圆形或狭卵状椭圆形，长1.5～2.4cm，宽5～8mm，近平展；唇瓣近卵形，长1.5～2.3cm，略3裂；侧裂片直立，多少围抱蕊柱，上面有小乳突；中裂片较大，卵形，外弯，边缘波状，亦具小乳突；唇盘上2条纵褶片从基部延伸至中裂片基部，上半部向内倾斜并靠合，形成短管；蕊柱长1～1.4cm，稍向前弯曲，两侧具狭翅；花粉团4个，成2对，宽卵形。蒴果狭椭圆形，长5～6cm，宽约2cm。花期通常为6—10月。

分布及生境　九连山全山有零星分布，生于海拔500～1000m的阔叶林与混交林中。

用途 全草药用，具有滋阴润肺、止咳化痰、活血、止痛等功效；园林观赏。

受危因素 生境变化，自然灾害，种子萌发困难，人为采挖。

保护策略 ①恢复生态环境，加强资源保护，查清资源数量、分布区域、生长状况。②开展资源监测，建立资源档案、信息系统。③积极开展种质资源收集与保存，做好药用性状、观赏用性状等优株选育，进行迁地保护。④开展无菌播种、组培快繁研究，探索人工种植最佳模式，满足市场需求；开展人工回归自然研究，扩大野生种群数量及分布范围，缓解野生资源生存压力。

江西九连山珍稀保护植物图谱

多花兰

（别名：蜜蜂兰）

兰科 Orchidaceae　兰属 *Cymbidium*

Cymbidium floribundum Lindl.

保护级别		CITES 附录	IUCN 级别	中国生物多样性红色 名录——高等植物卷 （2013年）	中国高等植物受威胁 物种名录 （2017年）	中国特有	
国家级 二级	江西省级	II	VU	VU	VU	是	否 √

生物学特征 附生草本。假鳞茎近卵球形，长2.5～3.5cm，宽2～3cm，稍压扁，包藏于叶基之内。叶通常5～6枚，带形，坚纸质，长22～50cm，宽8～18mm，先端钝或急尖，中脉与侧脉在背面凸起（通常中脉较侧脉更为凸起，尤其在下部），关节在距基部2～6cm处。花葶自假鳞茎基部穿鞘而出，近直立或外弯，长16～28（～35）cm；花序通常具10～40朵花；花苞片小；花较密集，直径3～4cm，一般无香气；萼片与花瓣红褐色或偶见绿黄色，极罕灰褐色；唇瓣白色而在侧裂片与中裂片上有紫红色斑，褶片黄色；萼片狭长圆形，长1.6～1.8cm，宽4～7mm；花瓣狭椭圆形，长1.4～1.6cm，与萼片近等宽；唇瓣近卵形，长1.6～1.8cm，3裂；侧裂片直立，具小乳突；中裂片稍外弯，亦具小乳突；唇盘上有2条纵褶片，褶片末端靠合；蕊柱长1.1～1.4cm，略向前弯曲；花粉团2个，三角形。蒴果近长圆形，长3～4cm，宽1.3～2cm。花期4—8月。

分布及生境 九连山润洞电厂、虾公塘有分布，生于海拔500～1000m的林中或林缘树上，或沟谷林下的岩石上或岩壁上。

用途 全草药用，具有滋阴清肺、化痰止咳、清热解毒、补肾健脑等功效；园林观赏。

受危因素 生境变化，自然灾害，种子萌发困难，人为采挖。

保护策略 ①恢复生态环境，加强资源保护，查清资源数量、分布区域、生长状况。②开展资源监测，建立资源档案、信息系统。③积极开展种质资源收集与保存，做好药用性状、观赏用性状等优株选育，进行迁地保护。④开展无菌播种、组培快繁研究，探索人工种植最佳模式，满足市场需求；开展人工回归自然研究，扩大野生种群数量及分布范围，缓解野生资源生存压力。

春兰 （别名：山兰）

兰科 Orchidaceae 兰属 *Cymbidium*

Cymbidium goeringii (Rchb. f.) Rchb. F.

保护级别		CITES 附录	IUCN 级别	中国生物多样性红色名录——高等植物卷（2013年）	中国高等植物受威胁物种名录（2017年）	中国特有	
国家级 二级	江西省级	II	VU	VU	VU	是	否
							√

生物学特征 地生草本。假鳞茎较小，卵球形，长1~2.5cm，宽1~1.5cm，包藏于叶基之内。叶4~7枚，带形，通常较短小，长20~40（~60）cm，宽5~9mm，下部常多少对折而呈"V"字形，边缘无齿或具细齿。花葶从假鳞茎基部外侧叶腋中抽出，直立，长3~15（~20）cm，极罕更高，明显短于叶；花序具单朵花，极罕2朵；花苞片长而宽，一般长4~5cm，多少围抱子房；花梗和子房长2~4cm；花色泽变化较大，通常为绿色或淡褐黄色而有紫褐色脉纹，有香气；萼片近长圆形至长圆状倒卵形，长2.5~4cm，宽8~12mm；花瓣倒卵状椭圆形至长圆状卵形，长1.7~3cm，与萼片近等宽，展开或多少围抱蕊柱；唇瓣近卵形，长1.4~2.8cm，不明显3裂；侧裂片直立，具小乳突，在内侧靠近纵褶片处各有1个肥厚的皱褶状物；中裂片较大，强烈外弯，上面亦有乳突，边缘略呈波状；唇盘上2条纵褶片从基部上方延伸至中裂片基部以上，上部向内倾斜并靠合，多少形成短管状；蕊柱长1.2~1.8cm，两侧有较宽的翅；花粉团4个，成2对。蒴果狭椭圆形，长6~8cm，宽2~3cm。花期1—3月。

分布及生境 九连山全山有零星分布，生于海拔500~1000m的阔叶林中、多石山坡下部、林缘、林中透光处。

用途 根、叶、花均可入药，治疗神经衰弱、阴虚、肺结核咳血、跌打损伤等；园林观赏。

受危因素 生境变化，自然灾害，种子萌发困难，人为采挖。

保护策略 ①恢复生态环境，加强资源保护，查清资源数量、分布区域、生长状况。②开展资源监测，建立资源档案、信息系统。③积极开展种质资源收集与保存，做好药用性状、观赏用性状等优株选育，进行迁地保护。④开展无菌播种、组培快繁研究，探索人工种植最佳模式，满足市场需求；开展人工回归自然研究，扩大野生种群数量及分布范围，缓解野生资源生存压力。

寒兰 （别名：冬兰）

兰科 Orchidaceae　兰属 *Cymbidium*

Cymbidium kanran Makino

保护级别		CITES 附录	IUCN 级别	中国生物多样性红色名录——高等植物卷（2013年）	中国高等植物受威胁物种名录（2017年）	中国特有	
国家级 二级	江西省级	II	VU	VU	VU	是	否
							√

生物学特征 地生植物；假鳞茎狭卵球形，长2～4cm，宽1～1.5cm，包藏于叶基之内。叶3～5（～7）枚，带形，薄革质，暗绿色，略有光泽，长40～70cm，宽9～17mm，前部边缘常有细齿，关节位于距基部4～5cm处。花葶发自假鳞茎基部，长25～60（～80）cm，直立；总状花序疏生5～12朵花；花苞片狭披针形，最下面1枚长可达4cm，中部与上部的长1.5～2.6cm，一般与花梗和子房近等长；花梗和子房长2～2.5（～3）cm；花常为淡黄绿色而具淡黄色唇瓣，也有其他色泽，常有浓烈香气；萼片近线形或线状狭披针形，长3～5（～6）cm，宽3.5～5（～7）mm，先端渐尖；花瓣常为狭卵形或卵状披针形，长2～3cm，宽5～10mm；唇瓣近卵形，不明显的3裂，长2～3cm；侧裂片直立，多少围抱蕊柱，有乳突状短柔毛；中裂片较大，外弯，上面亦有类似的乳突状短柔毛，边缘稍有缺刻；唇盘上2条纵褶片从基部延伸至中裂片基部，上部向内倾斜并靠合，形成短管；蕊柱长1～1.7cm，稍向前弯曲，两侧有狭翅；花粉团4个，成2对，宽卵形。蒴果狭椭圆形，长约4.5cm，宽约1.8cm。花期8—12月。

分布及生境 九连山全山有分布，生于海拔500～1000m的阔叶林中、多石山坡下部、林缘、林中透光处。

用途 根、叶、花均可入药，治疗神经衰弱、阴虚、肺结核咳血、跌打损伤等；园林观赏。

受危因素 生境变化，自然灾害，种子萌发困难，人为采挖。

保护策略 ①恢复生态环境，加强资源保护，查清资源数量、分布区域、生长状况。②开展资源监测，建立资源档案、信息系统。③积极开展种质资源收集与保存，做好药用性状、观赏用性状等优株选育，进行迁地保护。④开展无菌播种、组培快繁研究，探索人工种植最佳模式，满足市场需求；开展人工回归自然研究，扩大野生种群数量及分布范围，缓解野生资源生存压力。

钩状石斛 （别名：吊兰）

兰科Orchidaceae　石斛属*Dendrobium*

Dendrobium aduncum Wall ex Lindl.

保护级别		CITES 附录	IUCN 级别	中国生物多样性红色 名录——高等植物卷 （2013年）	中国高等植物受威胁 物种名录 （2017年）	中国特有	
国家级 二级	江西省级	II	VU	VU	VU	是	否 √

生物学特征　附生草本。茎下垂，圆柱形，长50～100cm，粗2～5mm，有时上部多少弯曲，不分枝，具多个节，节间长3～3.5cm，干后淡黄色。叶长圆形或狭椭圆形，长7～10.5cm，宽1～3.5cm，先端急尖并且钩转，基部具抱茎的鞘。总状花序通常数个，出自落叶后或具叶的老茎上部；花序轴纤细，长1.5～4cm，多少回折状弯曲，疏生1～6朵花；花序柄长5～10mm，基部被3～4枚长2～3mm的膜质鞘；花苞片膜质，卵状披针形，长5～7mm，先端急尖；花梗和子房长约1.5cm；花开展，萼片和花瓣淡粉红色；中萼片长圆状披针形，长1.6～2cm，宽7mm，先端锐尖，具5条脉；侧萼片斜卵状三角形，与中萼片等长而宽得多，先端急尖，具5条脉，基部歪斜；萼囊明显坛状，长约1cm；花瓣长圆形，长1.4～1.8cm，宽7mm，先端急尖，具5条脉；唇瓣白色，朝上，凹陷呈舟状，展开时为宽卵形，长1.5～1.7cm，前部骤然收狭而先端为短尾状并且反卷，基部具长约5mm的爪，上面除爪和唇盘两侧外密布白色短毛，近基部具1个绿色方形的胼胝体；蕊柱白色，长约4mm，下部扩大，顶端两侧具耳状的蕊柱齿，正面密布紫色长毛；蕊柱足长而宽，长约1cm，向前弯曲，末端与唇瓣相连接处具1个关节，内面有时疏生毛；药帽深紫色，近半球形，密布乳突状毛，顶端稍凹，前端边缘具不整齐的齿。花期5—6月。

分布及生境 九连山虾公塘有分布，生于海拔600～1000m的沟谷河岸枫杨或大叶樟树干上。

用途 全草药用，具有益胃生津、滋阴清热的功效；园林观赏。

受危因素 生境变化，种子萌发困难，人为采挖。

保护策略 ①恢复生态环境，加强资源保护，查清资源数量、分布区域、生长状况。②开展资源监测，建立资源档案、信息系统。③积极开展种质资源收集与保存，做好药用性状、观赏用性状等优株选育，进行迁地保护。④开展无菌播种、组培快繁研究，探索人工种植最佳模式，满足市场需求；开展人工回归自然研究，扩大野生种群数量及分布范围，缓解野生资源生存压力。

密花石斛 （别名：大黄草）

兰科 Orchidaceae　石斛属 Dendrobium

Dendrobium densiflorum Lindl. ex Wall.

保护级别		CITES 附录	IUCN 级别	中国生物多样性红色名录——高等植物卷（2013年）	中国高等植物受威胁物种名录（2017年）	中国特有	
国家级 二级	江西省级	II	VU	VU	VU	是	否
							√

生物学特征 附生草本。茎粗壮，通常棒状或纺锤形，长25～40cm，粗达2cm，下部常收狭为细圆柱形，不分枝，具数个节和4个纵棱，有时棱不明显，干后淡褐色并且带光泽。叶常3～4枚，近顶生，革质，长圆状披针形，长8～17cm，宽2.6～6cm，先端急尖，基部不下延为抱茎的鞘。总状花序从1年或2年生具叶的茎上端发出，下垂，密生许多花，花序柄基部被2～4枚鞘；花苞片纸质，倒卵形，长1.2～1.5cm，宽6～10mm，先端钝，具约10条脉，干后多少席卷；花梗和子房白绿色，长2～2.5cm；花开展，萼片和花瓣淡黄色；中萼片卵形，长1.7～2.1cm，宽8～12mm，先端钝，具5条脉，全缘；侧萼片卵状披针形，近等大于中萼片，先端近急尖，具5～6条脉，全缘；萼囊近球形，宽约5mm；花瓣近圆形，长1.5～2cm，宽1.1～1.5cm，基部收狭为短爪，中部以上边缘具啮齿，具3条主脉和许多支脉；唇瓣金黄色，圆状菱形，长1.7～2.2cm，宽达2.2cm，先端圆形，基部具短爪，中部以下两侧围抱蕊柱，上面和下面的中部以上密被短茸毛；蕊柱橘黄色，长约4mm；药帽橘黄色，前后压扁的半球形或圆锥形，前端边缘截形，并且具细缺刻。花期4—5月。

分布及生境 龙南杨村斜坡水、九连山黄牛石有分布，生于海拔400～700m的常绿阔叶林中树干上或山谷石壁上。

用途 全草药用，具有益胃生津、滋阴清热的功效；园林观赏。

受危因素 生境变化，种子萌发困难，人为采挖。

保护策略 ①恢复生态环境，加强资源保护，查清资源数量、分布区域、生长状况。②开展资源监测，建立资源档案、信息系统。③积极开展种质资源收集与保存，做好药用性状、观赏用性状等优株选育，进行迁地保护。④开展无菌播种、组培快繁研究，探索人工种植最佳模式，满足市场需求；开展人工回归自然研究，扩大野生种群数量及分布范围，缓解野生资源生存压力。

重唇石斛 （别名：网脉石斛）

兰科 Orchidaceae　石斛属 *Dendrobium*

Dendrobium hercoglossum Rchb. F.

保护级别		CITES 附录	IUCN 级别	中国生物多样性红色名录——高等植物卷（2013年）	中国高等植物受威胁物种名录（2017年）	中国特有	
国家级 二级	江西省级	II	NT	NT		是	否
							√

生物学特征　附生草本。茎下垂，圆柱形或有时从基部上方逐渐变粗，通常长8～40cm，粗2～5mm，具少数至多数节，节间长1.5～2cm，干后淡黄色。叶薄革质，狭长圆形或长圆状披针形，长4～10cm，宽4～8（～14）mm，先端钝并且不等侧2圆裂，基部具紧抱于茎的鞘。总状花序通常数个，从落叶后的老茎上发出，常具2～3朵花；花序轴瘦弱，长1.5～2cm，有时稍回折状弯曲；花序柄绿色，长6～10mm，基部被3～4枚短筒状鞘；花苞片小，干膜质，卵状披针形，长3～5mm，先端急尖；花梗和子房淡粉红色，长12～15mm；花开展，萼片和花瓣淡粉红色；中萼片卵状长圆形，长1.3～1.8cm，宽5～8mm，先端急尖，具7条脉；侧萼片稍斜卵状披针形，与中萼片等大，先端渐尖，具7条脉，萼囊很短；花瓣倒卵状长圆形，长1.2～1.5cm，宽4.5～7mm，先端锐尖，具3条脉；唇瓣白色，直立，长约1cm，分前、后唇；前唇淡粉红色，较小，三角形，先端急尖，无毛；后唇半球形，前端密生短流苏，内面密生短毛；蕊柱白色，长约4mm，下部扩大，具长约2mm的蕊柱足；蕊柱齿三角形，先端稍钝；药帽紫色，半球形，密布细乳突，前端边缘啮蚀状。花期5—6月。

分布及生境　九连山全山有分布，生于海拔500～1000m的阔叶林沟谷中树干上和山谷湿润岩石上。

用途 全草药用，具有益胃生津、滋阴清热的功效；园林观赏。

受危因素 生境变化，种子萌发困难，人为采挖。

保护策略 ①恢复生态环境，加强资源保护，查清资源数量、分布区域、生长状况。②开展资源监测，建立资源档案、信息系统。③积极开展种质资源收集与保存，做好药用性状、观赏用性状等优株选育，进行迁地保护。④开展无菌播种、组培快繁研究，探索人工种植最佳模式，满足市场需求；开展人工回归自然研究，扩大野生种群数量及分布范围，缓解野生资源生存压力。

美花石斛 兰科Orchidaceae 石斛属*Dendrobium*

Dendrobium loddigesii Rolfe

保护级别		CITES 附录	IUCN 级别	中国生物多样性红色名录——高等植物卷（2013年）	中国高等植物受威胁物种名录（2017年）	中国特有	
国家级 二级	江西省级	II	VU	VU	VU	是	否
							√

生物学特征 附生草本。茎柔弱，常下垂，细圆柱形，长10～45cm，粗约3mm，有时分枝，具多节；节间长1.5～2cm，干后金黄色。叶纸质，二列，互生于整个茎上，舌形、长圆状披针形或稍斜长圆形，长2～4cm，宽1～1.3cm，先端锐尖而稍钩转，基部具鞘，干后上表面的叶脉隆起呈网格状；叶鞘膜质，干后鞘口常张开。花白色或紫红色，每束1～2朵侧生于具叶的老茎上部；花序柄长2～3mm，基部被1～2枚短的杯状膜质鞘；花苞片膜质，卵形，长约2mm，先端钝；花梗和子房淡绿色，长2～3cm；中萼片卵状长圆形，长1.7～2cm，宽约7mm，先端锐尖，具5条脉；侧萼片披针形，长1.7～2cm，宽6～7mm，先端急尖，基部歪斜，具5条脉；萼囊近球形，长约5mm；花瓣椭圆形，与中萼片等长，宽8～9mm，先端稍钝，全缘，具3～5条脉；唇瓣近圆形，直径1.7～2cm，上面中央金黄色，周边淡紫红色，稍凹，边缘具短流苏，两面密布短柔毛；蕊柱白色，正面两侧具红色条纹，长约4mm；药帽白色，近圆锥形，密布细乳突状毛，前端边缘具不整齐的齿。花期4—5月。

分布及生境 九连山黄牛石有分布，生于海拔500～900m的山地林中树干上或林下岩石上。

用途 全草药用，具有益胃生津、滋阴清热的功效；园林观赏。

受危因素 生境变化，种子萌发困难，人为采挖。

保护策略 ①恢复生态环境，加强资源保护，查清资源数量、分布区域、生长状况。②开展资源监测，建立资源档案、信息系统。③积极开展种质资源收集与保存，做好药用性状、观赏用性状等优株选育，进行迁地保护。④开展无菌播种、组培快繁研究，探索人工种植最佳模式，满足市场需求；开展人工回归自然研究，扩大野生种群数量及分布范围，缓解野生资源生存压力。

罗河石斛　兰科Orchidaceae　石斛属*Dendrobium*

Dendrobium lohohense Tang et Wang

保护级别		CITES 附录	IUCN 级别	中国生物多样性红色名录——高等植物卷（2013年）	中国高等植物受威胁物种名录（2017年）	中国特有	
国家级 二级	江西省级	II	EN	EN	EN	是	否
						√	

生物学特征　附生草本。茎质地稍硬，圆柱形，长达80cm，粗3～5mm，具多节，节间长13～23mm，上部节上常生根而分出新枝条，干后金黄色，具数条纵条棱。叶薄革质，二列，长圆形，长3～4.5cm，宽5～16mm，先端急尖，基部具抱茎的鞘，叶鞘干后松抱茎，鞘口常张开。花蜡黄色，稍肉质，总状花序减退为单朵花，侧生于具叶的茎端或叶腋，直立；花序柄无；花苞片蜡质，阔卵形，小，长约3mm，先端急尖；花梗和子房长达15mm，子房常棒状肿大；花开展；中萼片椭圆形，长约15mm，宽9mm，先端圆钝，具7条脉；侧萼片斜椭圆形，比中萼片稍长，但较窄，先端钝，具7条脉；萼囊近球形，长约5mm；花瓣椭圆形，长17mm，宽约10mm，先端圆钝，具7条脉；唇瓣不裂，倒卵形，长20mm，宽17mm，基部楔形而两侧围抱蕊柱，前端边缘具不整齐的细齿；蕊柱长约3mm，顶端两侧各具2个蕊柱齿；药帽近半球形，光滑，前端近截形而向上反折，其边缘具细齿。蒴果椭圆状球形，长4cm，粗1.2cm。花期6月，果期7—8月。

分布及生境　龙南安基山、九连山润洞电厂、大丘田有分布，生于海拔500～1000m的山地林中树干上或林下岩石上。

用途 全草药用，具有益胃生津、滋阴清热的功效；园林观赏。

受危因素 生境变化，种子萌发困难，人为采挖。

保护策略 ①恢复生态环境，加强资源保护，查清资源数量、分布区域、生长状况。②开展资源监测，建立资源档案、信息系统。③积极开展种质资源收集与保存，做好药用性状、观赏用性状等优株选育，进行迁地保护。④开展无菌播种、组培快繁研究，探索人工种植最佳模式，满足市场需求；开展人工回归自然研究，扩大野生种群数量及分布范围，缓解野生资源生存压力。

细茎石斛　　兰科Orchidaceae　石斛属*Dendrobium*

Dendrobium moniliforme (L.) Sw.

保护级别		CITES 附录	IUCN 级别	中国生物多样性红色 名录——高等植物卷 （2013年）	中国高等植物受威胁 物种名录 （2017年）	中国特有	
国家级 二级	江西省级	II				是	否 √

生物学特征　附生草本。茎直立，细圆柱形，通常长10～20cm，或更长，粗3～5mm，具多节，节间长2～4cm，干后金黄色或黄色带深灰色。叶数枚，二列，常互生于茎的中部以上，披针形或长圆形，长3～4.5cm，宽5～10mm，先端钝并且稍不等侧2裂，基部下延为抱茎的鞘。总状花序2至数个，生于茎中部以上具叶和落叶后的老茎上，通常具1～3朵花；花序柄长3～5mm；花苞片干膜质，浅白色带褐色斑块，卵形，长3～4（～8）mm，宽2～3mm，先端钝；花梗和子房纤细，长1～2.5cm；花黄绿色、白色或白色带淡紫红色，有时芳香；萼片和花瓣相似，卵状长圆形或卵状披针形，长（1～）1.3～1.7（～2.3）cm，宽（1.5～）3～4（～8）mm，先端锐尖或钝，具5条脉；侧萼片基部歪斜而贴生于蕊柱足；萼囊圆锥形，长4～5mm，宽约5mm，末端钝；花瓣通常比萼片稍宽；唇瓣白色、淡黄绿色或绿白色，带淡褐色或紫红色至浅黄色斑块，整体轮廓卵状披针形，比萼片稍短，基部楔形，3裂；侧裂片半圆形，直立，围抱蕊柱，边缘全缘或具不规则的齿；中裂片卵状披针形，先端锐尖或稍钝，全缘，无毛；唇盘在两侧裂片之间密布短柔毛，基部常具1个椭圆形胼胝体，近中裂片基部通常具1个紫红色、淡褐色或浅黄色的斑块；蕊柱白色，长约3mm；药帽白色或淡黄色，圆锥形，顶端不裂，有时被细乳突；蕊柱足基部常具紫红色条纹，无毛或有时具毛。花期3—5月。

分布及生境 九连山虾公塘有分布，生于海拔500～1000m的阔叶林中树干上或山谷岩壁上。

用途 全草药用，具有益胃生津、滋阴清热的功效；园林观赏。

受危因素 生境变化，种子萌发困难，人为采挖。

保护策略 ①恢复生态环境，加强资源保护，查清资源数量、分布区域、生长状况。②开展资源监测，建立资源档案、信息系统。③积极开展种质资源收集与保存，做好药用性状、观赏用性状等优株选育，进行迁地保护。④开展无菌播种、组培快繁研究，探索人工种植最佳模式，满足市场需求；开展人工回归自然研究，扩大野生种群数量及分布范围，缓解野生资源生存压力。

广东石斛

兰科Orchidaceae 石斛属*Dendrobium*

Dendrobium kwangtungense C. L. Tso

保护级别		CITES 附录	IUCN 级别	中国生物多样性红色 名录——高等植物卷 （2013年）	中国高等植物受威胁 物种名录 （2017年）	中国特有	
国家级 二级	江西省级	II		CR	CR	是 √	否

生物学特征 附生草本。茎直立或斜立，细圆柱形，长10～30cm，粗4～6mm，不分枝，具少数至多数节，节间长1.5～2.5cm，干后淡黄色带污黑色。叶革质，二列、数枚，互生于茎的上部，狭长圆形，长3～5（～7）cm，宽6～12（～15）mm，先端钝并且稍不等侧2裂，基部具抱茎的鞘；叶鞘革质，老时呈污黑色，干后鞘口常呈杯状张开。总状花序1～4个，从落叶后的老茎上部发出，具1～2朵花；花序柄长3～5mm，基部被3～4枚宽卵形的膜质鞘；花苞片干膜质，浅白色，中部或先端栗色，长4～7mm，先端渐尖；花梗和子房白色，长2～3cm；花大，乳白色，有时带淡红色，开展；中萼片长圆状披针形，长（2.3～）2.5～4cm，宽7～10mm，先端渐尖，具5～6条主脉和许多支脉；侧萼片三角状披针形，与中萼片等长，宽7～10mm，先端渐尖，基部歪斜而较宽，具5～6条主脉和许多支脉；萼囊半球形，长1～1.5cm；花瓣近椭圆形，长（2.3～）2.5～4cm，宽1～1.5cm，先端锐尖，具5～6条主脉和许多支脉；唇瓣卵状披针形，比萼片稍短而宽得多，3裂或不明显3裂，基部楔形，其中央具1个胼胝体；侧裂片直立，半圆形；中裂片卵形，先端急尖；唇盘中央具1个黄绿色的斑块，密布短毛；蕊柱长约4mm；蕊柱足长约1.5cm，内面常具淡紫色斑点；药帽近半球形，密布细乳突。花期5月。

分布及生境 九连山虾公塘有分布，生于海拔400～800m的山地阔叶林中树干上或林下岩石上。

用途 全草药用，具有生津养胃、滋阴清热的功效；园林观赏。

受危因素 生境变化，种子萌发困难，人为采挖。

保护策略 ①恢复生态环境，加强资源保护，查清资源数量、分布区域、生长状况。②开展资源监测，建立资源档案、信息系统。③积极开展种质资源收集与保存，做好药用性状、观赏用性状等优株选育，进行迁地保护。④开展无菌播种、组培快繁研究，探索人工种植最佳模式，满足市场需求；开展人工回归自然研究，扩大野生种群数量及分布范围，缓解野生资源生存压力。

铁皮石斛　兰科Orchidaceae　石斛属*Dendrobium*

Dendrobium officinale Kimura et Migo

保护级别		CITES 附录	IUCN 级别	中国生物多样性红色名录——高等植物卷（2013年）	中国高等植物受威胁物种名录（2017年）	中国特有	
国家级 二级	江西省级	II	CR/LC			是	否
							√

生物学特征 附生草本。茎直立，圆柱形，长9～35cm，粗2～4mm，不分枝，具多节，节间长1～3cm，常在中部以上互生3～5枚叶。叶二列，纸质，长圆状披针形，长3～4（～7）cm，宽9～11（～15）mm，先端钝并且多少钩转，基部下延为抱茎的鞘，边缘和中肋常带淡紫色；叶鞘常具紫斑，老时其上缘与茎松离而张开，并且与节留下1个环状铁青的间隙。总状花序常从落叶后的老茎上部发出，具2～3朵花；花序柄长5～10mm，基部具2～3枚短鞘；花序轴回折状弯曲，长2～4cm；花苞片干膜质，浅白色，卵形，长5～7mm，先端稍钝；花梗和子房长2～2.5cm；萼片和花瓣黄绿色，近相似，长圆状披针形，长约1.8cm，宽4～5mm，先端锐尖，具5条脉；侧萼片基部较宽阔，宽约1cm；萼囊圆锥形，长约5mm，末端圆形；唇瓣白色，基部具1个绿色或黄色的胼胝体，卵状披针形，比萼片稍短，中部反折，先端急尖，不裂或不明显3裂，中部以下两侧具紫红色条纹，边缘多少波状；唇盘密布细乳突状的毛，并且在中部以上具1个紫红色斑块；蕊柱黄绿色，长约3mm，先端两侧各具1个紫点；蕊柱足黄绿色带紫红色条纹，疏生毛；药帽白色，长卵状三角形，长约2.3mm，顶端近锐尖并且2裂。花期3—6月。

分布及生境 龙南小武当有分布，生于海拔500～1000m山地半阴湿的岩石上。

用途 全草药用，具有益胃生津、滋阴清热的功效；园林观赏。

受危因素 生境变化，种子萌发困难，人为采挖。

保护策略 ①恢复生态环境，加强资源保护，查清资源数量、分布区域、生长状况。②开展资源监测，建立资源档案、信息系统。③积极开展种质资源收集与保存，做好药用性状、观赏用性状等优株选育，进行迁地保护。④开展无菌播种、组培快繁研究，探索人工种植最佳模式，满足市场需求；开展人工回归自然研究，扩大野生种群数量及分布范围，缓解野生资源生存压力。

单葶草石斛　　兰科 Orchidaceae　　石斛属 *Dendrobium*

Dendrobium porphyrochilum Lindl.

保护级别		CITES 附录	IUCN 级别	中国生物多样性红色 名录——高等植物卷 （2013年）	中国高等植物受威胁 物种名录 （2017年）	中国特有	
国家级 二级	江西省级	II		EN	EN	是	否 √

生物学特征　附生草本。茎肉质，直立，圆柱形或狭长的纺锤形，长1.5～4cm，粗2～4mm，基部稍收窄，中部以上向先端逐渐变细，具数个节间，当年生的节间被叶鞘所包裹。叶3～4枚，二列互生，纸质，狭长圆形，长达4.5cm，宽6～10mm，先端锐尖并且不等侧2裂，基部收窄而后扩大为鞘；叶鞘草质，偏鼓状。总状花序单生于茎顶，远高出叶外，长达8cm，弯垂，具数朵至10余朵小花；花苞片狭披针形，等长或长于花梗连同子房，长约9mm，宽约1mm，先端渐尖；花梗和子房细如发状，长约8mm；花开展，质地薄，具香气，金黄色或萼片和花瓣淡绿色带红色脉纹，具3条脉；中萼片狭卵状披针形，长8～9mm，基部宽1.8～2mm，先端渐尖呈尾状；侧萼片狭披针形，与中萼片等长而稍较宽，基部歪斜，先端渐尖；萼囊小，近球形；花瓣狭椭圆形，长6.5～7mm，宽约1.8mm，先端急尖；唇瓣暗紫褐色，边缘淡绿色，近菱形或椭圆形，凹，不裂，长5mm，宽约2mm，先端近急尖，全缘，唇盘中央具3条多少增厚的纵脊；蕊柱白色带紫，长约1mm，基部扩大；蕊柱足长1.4mm；药帽半球形，光滑。花期6月。

分布及生境　九连山黄牛石有分布，生于海拔500～1000m的山地林中树干上或林下石壁上。

用途 全草药用，具有益胃生津、滋阴清热的功效；园林观赏。

受危因素 生境变化，种子萌发困难，人为采挖。

保护策略 ①恢复生态环境，加强资源保护，查清资源数量、分布区域、生长状况。②开展资源监测，建立资源档案、信息系统。③积极开展种质资源收集与保存，做好药用性状、观赏用性状等优株选育，进行迁地保护。④开展无菌播种、组培快繁研究，探索人工种植最佳模式，满足市场需求；开展人工回归自然研究，扩大野生种群数量及分布范围，缓解野生资源生存压力。

始兴石斛　　兰科Orchidaceae　　石斛属*Dendrobium*

Dendrobium shixingense Z. L. Chen

保护级别	CITES 附录	IUCN 级别	中国生物多样性红色名录——高等植物卷（2013年）	中国高等植物受威胁物种名录（2017年）	中国特有	
国家级　江西省级 二级	II				是	否
						√

生物学特征　附生草本。茎直立或下垂，圆柱形。叶5～7枚，于茎上部交替互生，长圆状披针形。花序具1～3朵花，花序梗4～5cm，基部具有2枚膜质鞘；花苞片淡黄色，卵状三角形；花朵散布，花梗和子房长2～2.5cm，白绿色或浅紫色；萼片淡粉红色，基部略带白色；花瓣粉色，下部略带淡粉红色；唇部白色，先端边缘粉红色，中部正面部分有大紫色薄片斑点的唇盘；中萼片卵状披针形，长约20mm，宽7mm，5脉，先端锐尖；侧萼片斜卵形或披针形，5脉，急尖；花瓣卵状椭圆形，长20mm，宽13mm，5脉，先端锐尖；唇部宽卵形，正面密被短柔毛，后部有舌状胼胝体，基部楔形，边缘不明显3裂，先端锐尖；花粉块4。

分布及生境　九连山全山有分布，生于海拔400～900m的河谷边的树干或岩石上。

用途　全草药用，具有生津养胃、滋阴清热的功效；园林观赏。

受危因素　生境变化，种子萌发困难，人为采挖。

保护策略　①恢复生态环境，加强资源保护，查清资源数量、分布区域、生长状况。②开展资源监测，建立资源档案、信息系统。③积极开展种质资源收集与保存，做好药用性状、观赏用性状等优株选育，进行迁地保护。④开展无菌播种、组培快繁研究，探索人工种植最佳模式，满足市场需求；开展人工回归自然研究，扩大野生种群数量及分布范围，缓解野生资源生存压力。

台湾独蒜兰　　兰科Orchidaceae　独蒜兰属*Pleione*

Pleione formosana Hayata

保护级别		CITES 附录	IUCN 级别	中国生物多样性红色名录——高等植物卷（2013年）	中国高等植物受威胁物种名录（2017年）	中国特有	
						是	否
国家级 二级	江西省级	II	VU	VU	VU	√	

　　生物学特征　附生草本。假鳞茎呈压扁的卵形或卵球形，上端渐狭成明显的颈，全长1.3～4cm，直径1.7～3.7cm，绿色或暗紫色，顶端具1枚叶。叶在花期尚幼嫩，长成后椭圆形或倒披针形，纸质，长10～30cm，宽3～7cm，先端急尖或钝，基部渐狭成柄；叶柄长3～4cm。花莛从无叶的老假鳞茎基部发出，直立，长7～16cm，基部有2～3枚膜质的圆筒状鞘，顶端通常具1花，偶见2花；花苞片线状披针形至狭椭圆形，长2.2～4cm，宽达7mm，明显长于花梗和子房，先端急尖；花梗连子房长1.5～2.7cm；花白色至粉红色，唇瓣色泽常略浅于花瓣，上面具有黄色、红色或褐色斑，有时略芳香；中萼片狭椭圆状倒披针形或匙状倒披针形，长4.2～5.7cm，宽9～15mm，先端急尖；侧萼片狭椭圆状倒披针形，多少偏斜，长4～5.5cm，宽10～15mm，先端急尖或近急尖；花瓣线状倒披针形，长4.2～6cm，宽10～15mm，稍长于中萼片，先端近急尖；唇瓣宽卵状椭圆形至近圆形，长4～5.5cm，宽3～4.6cm，不明显3裂，先端微缺，上部边缘撕裂状，上面具2～5条褶片，中央1条褶片短或不存在；褶片常有间断，全缘或啮蚀状；蕊柱长2.8～4.2cm，顶部多少膨大并具齿。蒴果纺锤状，长4cm，黑褐色。花期3—4月。

　　分布及生境　九连山上围有分布，生于林下或林缘腐殖质丰富的土壤和岩石上。

用途 园林观赏。

受危因素 生境变化，种子萌发困难，人为采挖。

保护策略 ①恢复生态环境，加强资源保护，查清资源数量、分布区域、生长状况。②开展资源监测，建立资源档案、信息系统。③积极开展种质资源收集与保存，做好药用性状、观赏用性状等优株选育，进行迁地保护。④开展无菌播种、组培快繁研究，探索人工种植最佳模式，满足市场需求；开展人工回归自然研究，扩大野生种群数量及分布范围，缓解野生资源生存压力。

短萼黄连　　毛茛科 Ranunculaceae　黄连属 *Coptis*

Coptis chinensis var. *brevisepala* W. T. Wang et Hsiao

保护级别		CITES 附录	IUCN 级别	中国生物多样性红色名录——高等植物卷（2013年）	中国高等植物受威胁物种名录（2017年）	中国特有	
国家级 二级	江西省级	EN	EN	EN	EN	是 √	否

生物学特征 根状茎黄色，常分枝，密生多数须根。叶有长柄，叶片稍带革质，卵状三角形，宽达10cm，三全裂，中央全裂片卵状菱形，长3～8cm，宽2～4cm，顶端急尖，具长0.8～1.8cm的细柄，3或5对羽状深裂，在下面分裂最深，深裂片彼此相距2～6mm，边缘生具细刺尖的锐锯齿，侧全裂片具长1.5～5mm的柄，斜卵形，比中央全裂片短，不等二深裂，两面的叶脉隆起，除表面沿脉被短柔毛外，其余无毛；叶柄长5～12cm，无毛。花葶1～2条，二歧或多歧聚伞花序，有3～8朵花；苞片披针形，三或五羽状深裂；萼片黄绿色，长椭圆状卵形，仅比花瓣长1/5～1/3。蓇葖长6～8mm，柄约与之等长；种子7～8粒，长椭圆形，褐色。花期2—3月，果期4—6月。

分布及生境 九连山坪坑、虾公塘有分布，生于海拔600～900m的山地沟边竹林下或山谷阴湿处。

用途 根状茎含小檗碱、黄连碱、甲基黄连碱、掌叶防己碱等生物碱，可治急性结膜炎、急性细菌性痢疾、急性肠胃炎。

受危因素 生境变化，人为采挖。

花榈木 豆科Fabaceae 红豆属*Ormosia*

Ormosia henryi Prain

保护级别		CITES 附录	IUCN 级别	中国生物多样性红色名录——高等植物卷（2013年）	中国高等植物受威胁物种名录（2017年）	中国特有	
国家级	江西省级	LC/VU		VU	VU	是	否
二级							√

生物学特征 常绿乔木；树皮灰绿色，平滑，有浅裂纹；小枝叶轴、花序密被茸毛。奇数羽状复叶。圆锥花序顶生。荚果扁平无毛，种皮鲜红色。花期7月，果期11月。

分布及生境 九连山墩头村中逐有分布，生于海拔400~600m的林缘。

用途 木材致密，纹理美丽，为优质红木。根皮入药具活血化瘀、祛风消肿之功效。

受危因素 生境变化，人为砍伐。

保护策略 ①恢复生态环境，加强资源保护，查清资源数量、分布区域、生长状况。②开展资源监测，建立资源档案、信息系统。③积极开展种质资源收集与保存，进行迁地保护。④开展人工繁育研究，开展人工回归自然研究，扩大野生种群数量及分布范围，缓解野生资源生存压力。

木荚红豆 豆科Fabaceae 红豆属*Ormosia*

Ormosia xylocarpa Chun ex L. Chen

保护级别		CITES 附录	IUCN 级别	中国生物多样性红色 名录——高等植物卷 （2013年）	中国高等植物受威胁 物种名录 （2017年）	中国特有	
国家级 二级	江西省级		LC	LC		是 √	否

生物学特征 常绿乔木；树皮灰色或棕褐色，平滑；枝密被紧贴的褐黄色短柔毛。奇数羽状复叶，叶柄及叶轴被黄色短柔毛或疏毛。圆锥花序顶生。荚果倒卵形至长椭圆形或菱形；果瓣厚木质，外面密被黄褐色短绢毛，内壁有横隔膜；种子1～5粒，种皮红色，光亮，种脐小。花期6—7月，果期10—11月。

分布及生境 九连山全山有零星分布，生于海拔300～600m的山坡林中。

用途 心材紫红色，纹理直，结构细匀，为优质红木。

受危因素 生境变化，人为砍伐。

保护策略 ①恢复生态环境，加强资源保护，查清资源数量、分布区域、生长状况。②开展资源监测，建立资源档案、信息系统。③积极开展种质资源收集与保存，进行迁地保护。④开展人工繁育研究，开展人工回归自然研究，扩大野生种群数量及分布范围，缓解野生资源生存压力。

软荚红豆 豆科Fabaceae 红豆属*Ormosia*

Ormosia semicastrata Hance

保护级别		CITES 附录	IUCN 级别	中国生物多样性红色名录——高等植物卷（2013年）	中国高等植物受威胁物种名录（2017年）	中国特有	
国家级 二级	江西省级	LC		LC		是 √	否

生物学特征 常绿乔木；树皮褐色，皮孔突起并有不规则的裂纹；小枝具黄色柔毛。奇数羽状复叶，小叶1～2对，革质，卵状长椭圆形，两面无毛或有时下面有白粉，沿中脉被柔毛。圆锥花序顶生，总花梗、花梗均密被黄褐色柔毛。荚果小，近圆形，稍肿胀，革质，光亮，顶端具短喙，有种子1粒；种子扁圆形，鲜红色。花期4—5月，果期10—11月。

分布及生境 九连山鹅公坑、大丘田、墩头有分布，生于海拔400～600m的林缘。

用途 材质紫红色，坚重，致密，易加工为优质红木。

受危因素 生境变化，人为砍伐。

保护策略 ①恢复生态环境，加强资源保护，查清资源数量、分布区域、生长状况。②开展资源监测，建立资源档案、信息系统。③积极开展种质资源收集与保存，进行迁地保护。④开展人工繁育和人工回归自然研究，扩大野生种群数量及分布范围，缓解野生资源生存压力。

长穗桑 桑科 Moraceae 桑属 *Morus*

Morus wittiorum Hand.-Mazz.

保护级别		CITES 附录	IUCN 级别	中国生物多样性红色名录——高等植物卷（2013年）	中国高等植物受威胁物种名录（2017年）	中国特有	
国家级 二级	江西省级		LC	LC		是 √	否

生物学特征 落叶乔木；树皮灰白色；幼枝亮褐色，皮孔明显；冬芽卵圆形。叶纸质，长圆形至宽椭圆形，两面无毛，边缘上部具粗浅牙齿。花雌雄异株，穗状花序具柄；雄花序腋生，总花梗短，雌花序长9～15cm，总花梗长2～3cm，雌花无梗，花被片黄绿色，覆瓦状排列。聚花果狭圆筒形，长10～16cm，核果卵圆形。花期4—5月，果期5—6月。

分布及生境 九连山电厂、安基山青茶湖有分布，生于海拔200～700m的沟谷林缘。

用途 韧皮纤维可以造纸或做绳索；嫩叶可以饲蚕。

受危因素 生境变化，人为砍伐。

保护策略 ①恢复生态环境，加强资源保护，查清资源数量、分布区域、生长状况。②开展资源监测，建立资源档案、信息系统。

伞花木 无患子科Sapindaceae 伞花木属Eurycorymbus

Eurycorymbus cavaleriei (Lévl.) Rehd. et Hand.-Mazz.

保护级别		CITES 附录	IUCN 级别	中国生物多样性红色名录——高等植物卷（2013年）	中国高等植物受威胁物种名录（2017年）	中国特有	
国家级 二级	江西省级		NT/LC	LC		是 √	否

生物学特征 落叶乔木，高可达20m；树皮灰色；小枝圆柱状，被短绒毛。叶对生，偶数羽状复叶。雌雄异株，伞房花序，花芳香，硕果被绒毛。种子黑色，种脐朱红色。花期5—6月，果期10月。

分布及生境 龙南安基山、杨村、九连山墩头新开迳、横坑水、小河子、中迳有分布,生于海拔200～600m的沟谷林中。

用途 木材密度中等，变形小，花纹细腻，有广泛用途。种子可榨取工业用油，也可食用。

受危因素 生境变化，人为砍伐。

保护策略 ①恢复生态环境，加强资源保护，查清资源数量、分布区域、生长状况。②开展资源监测，建立资源档案、信息系统。③积极开展种质资源收集与保存，进行迁地保护。④开展人工繁育和人工回归自然研究，扩大野生种群数量及分布范围，缓解野生资源生存压力。

金豆 （别名：山柑子、金柑）

芸香科 Rutaceae　柑橘属 *Citrus*

Citrus japonica Thunb. ［异名］ *Fortunella venosa*

保护级别		CITES 附录	IUCN 级别	中国生物多样性红色名录——高等植物卷（2013年）	中国高等植物受威胁物种名录（2017年）	中国特有	
国家级 二级	江西省级	EN		VU	EN	是 √	否

生物学特征 树高3m以内；枝有刺。叶质厚，浓绿，卵状披针形或长椭圆形，叶柄长达1.2cm，翼叶甚窄。单花或2～3花簇生。果椭圆形或卵状椭圆形，橙黄至橙红色，果皮味甜。种子卵形，端尖，子叶及胚均绿色，单胚或偶有多胚。花期3—5月，果期10—12月。

分布及生境 九连山大丘田、墩头有分布，生于海拔300～700m的阔叶林内。

用途 果皮维生素C的含量较高，可做果盐或蜜饯，也可以甘草为调料，制成凉果。

受危因素 生境变化，人为采挖。

保护策略 ①恢复生态环境，加强资源保护，查清资源数量、分布区域、生长状况。②开展资源监测，建立资源档案、信息系统。③积极开展种质资源收集与保存，进行迁地保护。④开展人工繁育和人工回归自然研究，扩大野生种群数量及分布范围，缓解野生资源生存压力。

伯乐树 （别名：钟萼木）

叠珠树科 Akaniaceae　伯乐树属 *Bretschneidera*

Bretschneidera sinensis Hemsl.

保护级别		CITES 附录	IUCN 级别	中国生物多样性红色 名录——高等植物卷 （2013年）	中国高等植物受威胁 物种名录 （2017年）	中国特有	
国家级 二级	江西省级		EN/NT	NT		是	否
							√

生物学特征 落叶乔木；树皮灰褐色；小枝有较明显的皮孔。羽状复叶，小叶7～15片，狭椭圆形，小叶基部偏斜，叶背有短毛。圆锥花序顶生，总花梗、花梗、花萼外有短毛，花淡红色。蒴果椭圆球形，被短毛；假种皮红色。花期3—5月，果期11—12月。

分布及生境 九连山虾公塘主沟山峰下、虾公塘瞭望哨、白云寺三丘田有分布，生于海拔700～1000m的沟谷林中。

用途 材质优良，纹理直而美观，硬度适中，不容易翘裂和变形，是制作高级家具、装饰板和工艺品的上等木材。

受危因素 生境变化，人为砍伐。

保护策略 ①恢复生态环境，加强资源保护，查清资源数量、分布区域、生长状况。②开展资源监测，建立资源档案、信息系统。③积极开展种质资源收集与保存，进行迁地保护。④开展人工繁育和人工回归自然研究，扩大野生种群数量及分布范围，缓解野生资源生存压力。

金荞麦 蓼科Polygonaceae 荞麦属*Fagopyrum*

Fagopyrum dibotrys (D. Don) Hara

保护级别		CITES 附录	IUCN 级别	中国生物多样性红色名录——高等植物卷（2013年）	中国高等植物受威胁物种名录（2017年）	中国特有	
国家级 二级	江西省级		LC	LC		是	否
							√

生物学特征 多年生草本；根状茎木质化，黑褐色。茎直立，具分枝，纵棱，无毛。叶三角形，叶柄长可达10cm；托叶鞘筒状，膜质，褐色。花序伞房状，顶生或腋生，花被5深裂，白色。瘦果宽卵形，具3锐棱，黑褐色，无光泽。花期7—9月，果期8—10月。

分布及生境 九连山电厂、上围、坪坑、中迳、黄牛石有分布，生于村旁空地或溪流岸边。

受危因素 生境变化，人为采挖。

保护策略 ①恢复生态环境，加强资源保护，查清资源数量、分布区域、生长状况。②开展资源监测，建立资源档案、信息系统。

小叶买麻藤 买麻藤科Gnetaceae 买麻藤属Gnetum

Gnetum parvifolium (Warb.) C. Y. Cheng ex Chun

保护级别		CITES 附录	IUCN 级别	中国生物多样性红色名录——高等植物卷（2013年）	中国高等植物受威胁物种名录（2017年）	中国特有	
国家级	江西省级 3		LC	LC		是	否
							√

生物学特征 缠绕藤本，高4～12m，常较细弱；茎枝圆形，皮土棕色或灰褐色，皮孔常较明显。叶椭圆形，革质。雌球花序多生于老枝上，一次三出分枝。种子长椭圆形，成熟时假种皮红色，种脐近圆形，干后种子表面常有细纵皱纹，无种柄或近无柄。花期4—5月，果期10—11月。

分布及生境 九连山全山有分布，攀缘于海拔400～800m树木树冠上。

用途 皮部纤维可作为编制绳索的原料，其质地坚韧，性能良好。种子炒后可食，亦可榨油供食用。

受危因素 生境变化。

竹柏 （别名：王杂树）

罗汉松科 Podocarpaceae　竹柏属 Nageia

Nageia nagi (Thunberg) Kuntze

保护级别		CITES 附录	IUCN 级别	中国生物多样性红色名录——高等植物卷（2013年）	中国高等植物受威胁物种名录（2017年）	中国特有	
国家级	江西省级 3		NT/LC	EN	EN	是	否
							√

生物学特征 常绿乔木；树皮近平滑，红褐色，成小块薄片脱落。叶对生、革质，深绿色有光泽。雌雄异株，雌球花单生叶腋，基部有数枚苞片，苞片不膨大成肉质种托。种子圆球形，成熟时假种皮暗紫色。花期4月，果期10月。

分布及生境 龙南东水、九连山花露有分布，生于海拔200～500m的阔叶林中。

用途 树冠广圆锥形，枝叶青翠有光泽，枝条浓郁，树形美观，是优良的绿化树种。

受危因素 生境变化，人为砍伐及采挖。

三尖杉 （别名：山杉树）

红豆杉科Taxaceae　三尖杉属Cephalotaxus

Cephalotaxus fortunei Hooker

保护级别		CITES 附录	IUCN 级别	中国生物多样性红色名录——高等植物卷（2013年）	中国高等植物受威胁物种名录（2017年）	中国特有	
国家级	江西省级 3		LC	LC		是	否
							√

生物学特征 常绿乔木；树皮褐色或红褐色，裂成片状脱落；枝条较细长，稍下垂。叶排成两列，披针状条形，通常微弯，长5～10cm，宽3.5～4.5mm。雄球花8～10朵聚生成头状，雌球花的胚珠3～8枚发育成种子；种子椭圆状卵形或近圆球形，假种皮成熟时紫色或红紫色。花期4月，种子8—10月成熟。

分布及生境 九连山全山有零星分布，生于海拔300～800m的沟谷林中。

用途 叶、枝、种子、根可提取多种植物碱，可入药。

受危因素 生境变化，人为砍伐及采挖。

木莲 （别名：乳源木莲、假厚朴）

木兰科 Magnoliaceae　木莲属 *Manglietia*

Manglietia fordiana Oliv.

保护级别		CITES 附录	IUCN 级别	中国生物多样性红色名录——高等植物卷（2013年）	中国高等植物受威胁物种名录（2017年）	中国特有	
国家级	江西省级					是	否
	3	LC	LC				√

生物学特征　常绿乔木；嫩枝及芽有红褐短毛。叶革质、狭倒卵形，托叶痕半椭圆形，长3~4mm。花被片白色，每轮3片，外轮3片质较薄。聚合果褐色，卵球形，长2~5cm，蓇葖露出面有粗点状凸起，先端具长约1mm的短喙，成熟时假种皮红色。花期5月，果期10月。

分布及生境　九连山全山有零星分布，生于海拔300~900m山坡阔叶林中。

用途　木材供板料、细木工用材；果及树皮入药，治便秘和干咳；园林观赏。

受危因素　生境变化，人为剥皮、砍伐及采挖。

乐昌含笑 木兰科 Magnoliaceae 含笑属 *Michelia*

Michelia chapensis Dandy

保护级别		CITES 附录	IUCN 级别	中国生物多样性红色名录——高等植物卷（2013年）	中国高等植物受威胁物种名录（2017年）	中国特有	
国家级	江西省级 2	LC/NT		NT		是	否
							√

生物学特征 常绿乔木；树皮灰色至深褐色。叶倒卵形，上面深绿色，有光泽；叶柄长1.5~2.5cm，无托叶痕，上面具沟。花芳香，淡黄色。蓇葖果卵圆形，种子具红色假种皮。花期4月，果期10月。

分布及生境 龙南安基山青茶湖、九连山虾公塘、大丘田、黄牛石有分布，生于海拔300~900m的沟谷林中。

用途 木材供板料、细木工用材；园林观赏。

受危因素 生境变化，人为砍伐及采挖。

江西九连山珍稀保护植物图谱

紫花含笑 木兰科Magnoliaceae 含笑属*Michelia*

Michelia crassipes Y. W. Law

保护级别		CITES 附录	IUCN 级别	中国生物多样性红色 名录——高等植物卷 （2013年）	中国高等植物受威胁 物种名录 （2017年）	中国特有	
国家级	江西省级 3		EN	EN		是 √	否

生物学特征 常绿小乔木；树皮灰褐色；芽、嫩枝、叶柄、花梗均密被红褐色或黄褐色长绒毛。叶革质，狭长圆形，脉上被长柔毛，叶柄长2～4mm，托叶痕达叶柄顶端。花极芳香；紫红色或深紫色，雌蕊群长约8mm，不超出雄蕊群。聚合果，蓇葖扁卵圆形或扁圆球形。花期4—5月，果期10月。

分布及生境 九连山虾公塘、大丘田、黄牛石有分布，生于海拔400～600m的山坡林中。

用途 园林观赏。

受危因素 生境变化，人为采挖。

金叶含笑 木兰科Magnoliaceae 含笑属*Michelia*

Michelia foveolata Merr. ex Dandy

保护级别		CITES 附录	IUCN 级别	中国生物多样性红色名录——高等植物卷（2013年）	中国高等植物受威胁物种名录（2017年）	中国特有	
国家级	江西省级 3		LC	LC		是	否
							√

生物学特征 常绿乔木；树皮淡灰或深灰色；芽、幼枝、叶柄、叶背、花梗、密被红褐色短茸毛。叶厚革质，长圆状椭圆形，上面深绿色，有光泽，下面被红铜色短绒毛；叶柄长1.5～3cm，无托叶痕。花被片9～12片，淡黄绿色，基部带紫色。聚合果，蓇葖长圆状椭圆形。花期3—5月，果期9—10月。

分布及生境 九连山虾公塘、黄牛石有分布，生于海拔700～1000m的山坡林中。

用途 园林观赏。

受危因素 生境变化，人为砍伐及采挖。

深山含笑 （别名：堆皮果）

木兰科 Magnoliaceae　含笑属 *Michelia*

Michelia maudiae Dunn

保护级别		CITES附录	IUCN级别	中国生物多样性红色名录——高等植物卷（2013年）	中国高等植物受威胁物种名录（2017年）	中国特有	
国家级	江西省级3					是	否
		LC		LC		√	

生物学特征　常绿乔木；各部均无毛；树皮薄、浅灰色或灰褐色；芽、嫩枝、叶下面、苞片均被白粉。叶革质，长圆状椭圆形；叶柄长1～3cm，无托叶痕。花芳香，花被片9片，纯白色。聚合果，蓇葖长圆形，假种皮成熟红色。花期2—3月，果期9—10月。

分布及生境　九连山全山有零星分布，虾公塘、黄牛石有片状林分，生于海拔300～1000m的山坡林中。

用途　木材纹理直，结构细，易加工，可做家具、板料、绘图板、细木工用材。叶鲜绿，花纯白艳丽，为庭园观赏树种。植株可提取芳香油，供药用。

受危因素　生境变化，人为砍伐及采挖。

观光木　木兰科Magnoliaceae　含笑属*Michelia*

Michelia odora (Chun) Nooteboom & B. L. Chen

保护级别		CITES 附录	IUCN 级别	中国生物多样性红色 名录——高等植物卷 （2013年）	中国高等植物受威胁 物种名录 （2017年）	中国特有	
国家级	江西省级 2		VU	VU	VU	是	否
							√

生物学特征 常绿乔木；树皮淡灰褐色，具深皱纹；小枝、芽、叶柄、叶面中脉、叶背和花梗均被黄棕色糙伏毛。叶片厚膜质，倒卵状椭圆形；叶柄长1.2～2.5cm，基部膨大，托叶痕达叶柄中部。花被片象牙黄色，芳香。聚合果长椭圆形，果瓣厚，假种皮红色。花期3月，果期10—11月。

分布及生境 龙南杨村斜坡水、九连山鹅公坑、虾公塘、大丘田有分布，生于海拔300～600m的山坡林中。

用途 树干挺直，树冠宽广，枝叶稠密，花色美丽而芳香，供庭园观赏及作行道树种。花可提取芳香油；种子可榨油。

受危因素 生境变化，人为砍伐。

华南桂

（别名：山肉桂）

樟科 Lauraceae　樟属 *Cinnamomum*

Cinnamomum austrosinense H. T. Chang

保护级别		CITES 附录	IUCN 级别	中国生物多样性红色名录——高等植物卷（2013年）	中国高等植物受威胁物种名录（2017年）	中国特有	
国家级	江西省级 3	LC/VU	VU	VU	VU	是	否
						√	

生物学特征 常绿乔木；树皮灰褐色；小枝稍扁，被平伏灰褐色微柔毛。叶近对生或互生，椭圆形，新叶与老叶下面均密被贴伏而短的灰褐色微柔毛，三出脉或近离基三出脉。圆锥花序，生于当年生枝条的叶腋内，花黄绿色。果椭圆形，果托浅杯状，边缘具浅齿，齿先端截平。花期6—8月，果期8—10月。

分布及生境 九连山全山有零星分布，生于海拔300～900m的山坡林中。

用途 树皮作桂皮收购入药，功效同肉桂皮；果实入药治虚寒胃痛。枝、叶、果及花梗可蒸取桂油，桂油可作轻化工业及食品工业原料。叶研粉，作熏香原料。

受危因素 生境变化，人为剥皮、砍伐。

沉水樟 （别名：油樟、大叶樟）

樟科Lauraceae　樟属*Cinnamomum*

Cinnamomum micranthum (Hay.) Hay.

保护级别		CITES 附录	IUCN 级别	中国生物多样性红色名录——高等植物卷（2013年）	中国高等植物受威胁物种名录（2017年）	中国特有	
国家级	江西省级 2	LC	VU	VU	是	否 √

生物学特征 常绿乔木；树皮黑褐色或红褐灰色，不规则纵裂；枝无毛，具纵纹；顶芽大。叶互生，长圆形，坚纸质或近革质，叶缘呈软骨质而内卷，羽状脉。圆锥花序顶生及腋生，花白色或紫红色。果椭圆形，果托壶形，边缘全缘或具波齿。花期6—8月，果期10月。

分布及生境 九连山全山有零星分布，中迳有古树，生于海拔300～700m的山坡林中。

用途 树根可提取精油；园林观赏。

受危因素 生境变化，人为挖根、砍伐。

香桂 （别名：辣桂、细叶香桂）

樟科 Lauraceae　樟属 Cinnamomum

Cinnamomum subavenium Miq.

保护级别		CITES 附录	IUCN 级别	中国生物多样性红色名录——高等植物卷（2013年）	中国高等植物受威胁物种名录（2017年）	中国特有	
国家级	江西省级 3	LC	LC			是	否 √

生物学特征 常绿乔木；树皮灰色，平滑；小枝密被黄色平伏绢状柔毛。叶在幼枝上近对生，在老枝上互生，椭圆形，光亮，幼时被黄色平伏绢状短柔毛，老时毛被渐脱落至无毛，三出脉。花淡黄色。果椭圆形，熟时蓝黑色；果托杯状，顶端全缘。花期6—7月，果期8—10月。

分布及生境 九连山全山有零星分布，生于海拔500～1000m的阔叶林中。

用途 枝、叶可提取精油，可入药。

受危因素 生境变化，人为剥皮、砍伐。

黑壳楠 （别名：假楠木）

樟科 Lauraceae　山胡椒属 *Lindera*

Lindera megaphylla Hemsl.

保护级别		CITES附录	IUCN级别	中国生物多样性红色名录——高等植物卷（2013年）	中国高等植物受威胁物种名录（2017年）	中国特有	
国家级	江西省级3		LC	LC		是 √	否

生物学特征 常绿乔木；树皮灰黑色；小枝粗圆，紫黑色,无毛。叶互生，倒披针形至倒卵状长圆形，羽状脉。伞形花序多花，花黄绿色。果椭圆形至卵形，宿存果托杯状，全缘，略成微波状。花期2—4月，果期9—12月。

分布及生境 九连山全山有零星分布，生于海拔300～700m的阔叶林中。

用途 种仁含油，为制皂原料；果皮、叶含芳香油，油可作调香原料；木材黄褐色，纹理直，结构细，可做装饰薄木、家具及建筑用材。

受危因素 生境变化，人为砍伐。

薄叶润楠 （别名：大叶楠、华东楠）

樟科 Lauraceae　润楠属 *Machilus*

Machilus leptophylla Hand.-Mazz.

保护级别		CITES 附录	IUCN 级别	中国生物多样性红色名录——高等植物卷（2013年）	中国高等植物受威胁物种名录（2017年）	中国特有	
国家级	江西省级 3		LC	LC		是	否
						√	

生物学特征 常绿乔木；树皮灰褐色；枝粗壮，顶芽大，近球形。叶互生或在当年生枝上轮生，倒卵状长圆形，长14～24cm，宽3.5～7cm，幼时下面全面被贴伏银色绢毛，老时上面深绿，无毛，下面带灰白色。圆锥花序聚生嫩枝的基部。果球形。花期3—4月，果期7—8月。

分布及生境 九连山全山有分布，生于海拔200～900m的沟谷溪边。

用途 树皮可提树脂；种子可榨油。

受危因素 生境变化，人为砍伐。

红楠　樟科Lauraceae　润楠属*Machilus*

Machilus thunbergii Sieb. et Zucc.

保护级别		CITES 附录	IUCN 级别	中国生物多样性红色 名录——高等植物卷 （2013年）	中国高等植物受威胁 物种名录 （2017年）	中国特有	
国家级	江西省级 3	LC	LC			是	否
							√

生物学特征　常绿乔木；树皮黄褐色；树冠平顶或扁圆；枝条多而伸展，紫褐色，老枝粗糙，嫩枝紫红色；顶芽卵形或长圆状卵形。叶倒卵形至倒卵状披针形，上面黑绿色，有光泽，下较淡，带粉白。花序顶生或在新枝上腋生。果扁球形，初时绿色，后变黑紫色；果梗鲜红色。花期3月，果期7月。

分布及生境　九连山全山有分布，生于海拔300～1100m的阔叶林中。

用途　木材硬度适中，供建筑、家具、小船、胶合板、雕刻等用。叶可提取芳香油。种子油可制肥皂和润滑油。树皮可入药，树形优美，也可作园林树种。

受危因素　生境变化，人为砍伐。

草珊瑚

（别名：九节枫）

金粟兰科 Chloranthaceae　草珊瑚属 *Sarcandra*

Sarcandra glabra (Thunb.) Nakai

保护级别		CITES 附录	IUCN 级别	中国生物多样性红色名录——高等植物卷（2013年）	中国高等植物受威胁物种名录（2017年）	中国特有	
国家级	江西省级			LC		是	否
	3						√

生物学特征　常绿半灌木；茎与枝均有膨大的节。叶革质，椭圆形、卵形至卵状披针形，边缘具粗锐锯齿，齿尖有一腺体，两面均无毛。穗状花序顶生。核果球形，熟时亮红色。花期6月，果期8—10月。

分布及生境　九连山全山有分布，生于海拔300～900m的阔叶林下。

用途　全株供药用，能清热解毒、祛风活血、消肿止痛、抗菌消炎。

受危因素　生境变化，自然灾害，人为采挖。

蕈树 （别名：阿丁枫）

蕈树科 Altingiaceae　蕈树属 *Altingia*

Altingia chinensis (Champ.) Oliver ex Hance

保护级别		CITES 附录	IUCN 级别	中国生物多样性红色 名录——高等植物卷 （2013年）	中国高等植物受威胁 物种名录 （2017年）	中国特有	
国家级	江西省级 3	LC		LC		是	否
							√

生物学特征 常绿乔木；树皮灰色，稍粗糙；芽体卵形，有短柔毛。叶革质或厚革质，倒卵状矩圆形。雄花短穗状花序常多个排成圆锥花序，雌花头状花序单生或数个排成圆锥花序。头状果序近于球形；种子多数，褐色，有光泽。花期4月，果期10月。

分布及生境 九连山虾公塘、坪坑有分布，生于海拔400～700m的沟谷林中。

用途 木材含挥发油，可提取蕈香油，供药用及香料用。木材供建筑及制家具用，在森林里亦常被砍倒作放养香菇的母树。

受危因素 生境变化，人为砍伐。

大果马蹄荷

（别名：东京白克木）

金缕梅科 Hamamelidaceae　马蹄荷属 *Exbucklandia*

Exbucklandia tonkinensis (Lec.) Steenis

保护级别		CITES 附录	IUCN 级别	中国生物多样性红色名录——高等植物卷（2013年）	中国高等植物受威胁物种名录（2017年）	中国特有	
国家级	江西省级	LC	LC			是	否
	3						√

生物学特征　常绿乔木；嫩枝有褐色柔毛，老枝变秃净，节膨大，有环状托叶痕。叶革质，阔卵形，全缘或幼叶为掌状3浅裂，上面深绿色，发亮，下面无毛，常有细小瘤状突起；托叶狭矩圆形，稍弯曲。头状花序单生，或数个排成总状花序。蒴果卵圆形，被瘤状突起。花期4月，果期10~11月。

分布及生境　九连山虾公塘、黄牛石有分布，生于海拔700~1000m的山坡林中。

用途　生长迅速，树冠呈圆伞形，枝叶浓密，根系发达，耐火力强，是优良的观赏树种、防火带树种。

受危因素　生境变化，人为砍伐。

黄檀 （别名：不知春、白檀）

豆科 Fabaceae　黄檀属 *Dalbergia*

Dalbergia hupeana Hance

保护级别		CITES 附录	IUCN 级别	中国生物多样性红色 名录——高等植物卷 （2013年）	中国高等植物受威胁 物种名录 （2017年）	中国特有	
国家级	江西省级 3		LC	NT		是	否
							√

生物学特征 落叶乔木；树皮暗灰色，呈薄片状剥落。羽状复叶小叶3～5对，近革质，椭圆形至长圆状椭圆形。圆锥花序顶生或生于最上部的叶腋间，花冠白色或淡紫色。荚果长圆形或阔舌状，果瓣薄革质。花期5—7月，果期10—11月。

分布及生境 九连山全山有零星分布，生于海拔300～1000m的阔叶林中。

用途 木材黄色或白色，材质坚密，能耐强力冲撞，常用作车轴、榨油机轴心、枪托、各种工具柄等；根药用，可治疗疥疮。

受危因素 生境变化，人为砍伐。

台湾林檎

（别名：尖嘴林檎）

蔷薇科 Rosaceae　苹果属 *Malus*

Malus melliana (Hand. -Mazz.) Rehd.

保护级别		CITES 附录	IUCN 级别	中国生物多样性红色名录——高等植物卷（2013年）	中国高等植物受威胁物种名录（2017年）	中国特有	
国家级	江西省级	LC	LC			是	否
	3						√

生物学特征 落叶乔木；树皮灰褐色；小枝圆柱形，嫩枝被长柔毛，老枝暗灰褐色或紫褐色，无毛，具稀疏纵裂皮孔。冬芽被柔毛或鳞片；叶片长椭卵形至卵状披针形，托叶膜质，线状披针形。花序近似伞形。果实球形，黄红色。宿萼有短筒。花期5月，果期8—9月。

分布及生境 九连山花露、上围、坪坑有分布，生于海拔350～700m的山坡林中。

用途 果可食用，种子萌发力很强，可作为亚热带地区栽培苹果的砧木及育种用原始材料。

受危因素 生境变化，人为砍伐。

白桂木

（别名：将军树）

桑科 Moraceae　波罗蜜属 Artocarpus

Artocarpus hypargyreus Hance

保护级别		CITES 附录	IUCN 级别	中国生物多样性红色 名录——高等植物卷 （2013年）	中国高等植物受威胁 物种名录 （2017年）	中国特有	
国家级	江西省级 3	VU/EN		EN	EN	是 √	否

　　生物学特征　常绿乔木；树皮深紫色，片状剥落；幼枝被白色紧贴柔毛。叶互生，革质，椭圆形至倒卵形，幼树之叶常为羽状浅裂，表面深绿色，仅中脉被微柔毛，背面绿色或绿白色，被粉末状柔毛。花序单生叶腋，雄花序椭圆形至倒卵圆形。聚花果近球形，浅黄色至橙黄色，表面被褐色柔毛，微具乳头状凸起。花期6月，果期8月。

　　分布及生境　九连山全山有零星分布，生于海拔300～800m的阔叶林中。

　　用途　乳汁可以提取硬性胶，木材可做家具。

　　受危因素　生境变化，人为砍伐。

吊皮锥 （别名：格氏栲、青钩栲）

壳斗科 Fagaceae 锥属 Castanopsis

Castanopsis kawakamii Hayata

保护级别		CITES 附录	IUCN 级别	中国生物多样性红色名录——高等植物卷（2013年）	中国高等植物受威胁物种名录（2017年）	中国特有	
国家级	江西省级		EN/VU	VU	VU	是	否
	2						√

生物学特征 常绿乔木；树皮纵向带浅裂，老树皮脱落前为长条，如蓑衣状吊在树干上；新生小枝暗红褐色，散生颜色苍暗的皮孔；枝、叶均无毛。叶革质，卵形或披针形。雄花序多为圆锥花序，雌花序无毛。果序短，壳斗有坚果1个，圆球形，壳斗内壁密被灰黄色长绒毛；坚果扁圆形。花期3—4月，果翌年10月成熟。

分布及生境 九连山高峰、花露有分布，生于海拔300～600m的山坡林中。

用途 用材树种。

受危因素 生境变化，人为砍伐。

饭甑青冈 壳斗科Fagaceae 栎属*Quercus*

Quercus fleuryi Hickel et A. Camus

保护级别		CITES 附录	IUCN 级别	中国生物多样性红色名录——高等植物卷（2013年）	中国高等植物受威胁物种名录（2017年）	中国特有	
国家级	江西省级					是	否
	3			LC			√

生物学特征 常绿乔木；树皮灰白色，平滑；小枝粗壮，幼时被棕色长绒毛，后渐无毛，密生皮孔。芽大，卵形；叶片革质，长椭圆形或卵状长椭圆形，幼时密被黄棕色绒毛，老时无毛，叶背粉白色。雄花序全体被褐色绒毛，雌花生于小枝上部叶腋，壳斗钟形或近圆筒形，包着坚果约2/3，小苞片合生成10～13条同心环带，环带近全缘，坚果柱状长椭圆形，密被黄棕色绒毛。花期3—4月，果期10—12月。

分布及生境 九连山虾公塘有分布，生于海拔700～800m的阔叶林中。

用途 用材树种。

受危因素 生境变化，人为砍伐。

亮叶桦

（别名：光皮桦）

桦木科 Betulaceae　桦木属 *Betula*

Betula luminifera H. Winkl.

保护级别		CITES附录	IUCN级别	中国生物多样性红色名录——高等植物卷（2013年）	中国高等植物受威胁物种名录（2017年）	中国特有	
国家级	江西省级	LC	LC			是	否
	3					√	

生物学特征 落叶乔木；树皮红褐色或暗黄灰色，坚硬致密，平滑；枝条红褐色，密被淡黄色短柔毛。叶矩圆形。雄花序2～5枚簇生于小枝顶端或单生于小枝上部叶腋，序梗密生树脂腺体。果序大部单生，小坚果倒卵形，背面疏被短柔毛，膜质翅宽为果的1～2倍。花期3月，果期5—6月。

分布及生境 九连山全山有分布，生于海拔400～1000m的山坡林中。

用途 木材质地良好，供制各种器具；树皮、叶、芽可提取芳香油和树脂。

受危因素 生境变化，人为砍伐。

木姜叶柯 （别名：多穗柯、甜茶）

壳斗科Fagaceae　柯属*Lithocarpus*

Lithocarpus litseifolius (Hance) Chun

保护级别		CITES 附录	IUCN 级别	中国生物多样性红色 名录——高等植物卷 （2013年）	中国高等植物受威胁 物种名录 （2017年）	中国特有	
国家级	江西省级 3	LC	LC			是	否 √

生物学特征 常绿乔木；枝、叶无毛，有时小枝、叶柄及叶面干后有淡薄的白色粉霜。叶纸质至近革质，椭圆形。雄穗状花序多穗排成圆锥花序，雌花序长达35cm。壳斗浅碟状，小苞片三角形，紧贴，覆瓦状排列，或基部的连生成圆环，坚果为顶端锥尖的宽圆锥形或近圆球形。花期5—9月，果翌年10月成熟。

分布及生境 九连山全山有分布，生于海拔300～900m的山坡林中。

用途 嫩叶有甜味，长江以南多数山区居民用其叶作为茶叶代用品，俗称甜茶；用材树种。

受危因素 生境变化，人为砍伐。

中华杜英

（别名：羊屎荷）

杜英科 Elaeocarpaceae　杜英属 *Elaeocarpus*

Elaeocarpus chinensis (Gardn. et Chanp.) Hook. f. ex Benth.

保护级别		CITES 附录	IUCN 级别	中国生物多样性红色名录——高等植物卷（2013年）	中国高等植物受威胁物种名录（2017年）	中国特有	
国家级	江西省级 2		LC	LC		是	否
							√

生物学特征　常绿小乔木；嫩枝有柔毛，老枝秃净，干后黑褐色。叶薄革质，卵状披针形或披针形，叶柄纤细，幼嫩时略被毛。总状花序生于无叶的去年枝条上，花两性或单性。核果椭圆形。花期5—6月，果期9月。

分布及生境　九连山全山有零星分布，生于海拔300～800m的阔叶林中。

用途　园林观赏。

受危因素　生境变化，人为砍伐。

杜英 （别名：山橄榄）

杜英科 Elaeocarpaceae　杜英属 *Elaeocarpus*

Elaeocarpus decipiens Hemsl.

保护级别		CITES 附录	IUCN 级别	中国生物多样性红色名录——高等植物卷（2013年）	中国高等植物受威胁物种名录（2017年）	中国特有	
国家级	江西省级 2			LC		是	否 √

生物学特征 常绿乔木；嫩枝及顶芽初时被微毛，不久变秃净。叶革质，披针形或倒披针形。总状花序多生于叶腋及无叶的去年枝条上，花白色。核果椭圆形；外果皮无毛，内果皮坚骨质，表面有多数沟纹；种子1粒。花期6—7月，果期翌年4—5月。

分布及生境 九连山高峰、上围、大丘田、中迳有分布，生于海拔300～700m的山坡林中。

用途 木材为栽培香菇的良好段木，果实可食用，根能散瘀消肿，治疗跌打、损伤、瘀肿；园林观赏。

受危因素 生境变化，人为砍伐。

褐毛杜英 杜英科Elaeocarpaceae 杜英属*Elaeocarpus*

Elaeocarpus duclouxii Gagnep.

保护级别		CITES 附录	IUCN 级别	中国生物多样性红色 名录——高等植物卷 （2013年）	中国高等植物受威胁 物种名录 （2017年）	中国特有	
国家级	江西省级 2			LC		是 √	否

生物学特征 常绿乔木；嫩枝被褐色茸毛，老枝干后暗褐色，有稀疏皮孔。叶聚生于枝顶，革质，长圆形，上面深绿色，初时有柔毛，干后发亮，下面被褐色茸毛。总状花序常生于无叶的去年枝条上。核果椭圆形；内果皮坚骨质，表面多沟纹，1室。花期6—7月，果期翌年5—6月。

分布及生境 九连山全山有分布，生于海拔300～1000m的山坡林中。

用途 木材为栽培香菇的良好段木，果实可食用；园林观赏。

受危因素 生境变化，人为砍伐。

秃瓣杜英 （别名：羊屎荷）

杜英科Elaeocarpaceae　杜英属*Elaeocarpus*

Elaeocarpus glabripetalus Merr.

保护级别		CITES 附录	IUCN 级别	中国生物多样性红色 名录——高等植物卷 （2013年）	中国高等植物受威胁 物种名录 （2017年）	中国特有	
国家级	江西省级 2			LC		是 √	否

生物学特征 常绿乔木；嫩枝秃净无毛，多少有棱，干后红褐色；老枝圆柱形，暗褐色。叶纸质或膜质，倒披针形。总状花序常生于无叶的去年枝上；雄蕊20～30枚。核果椭圆形；内果皮薄骨质，表面有浅沟纹。花期7月，果期10—11月。

分布及生境 九连山全山有分布，生于海拔300～700m的沟谷溪边。

用途 木材为栽培香菇的良好段木，果实可食用；园林观赏。

受危因素 生境变化，人为砍伐。

日本杜英

（别名：羊屎荷、薯豆）

杜英科 Elaeocarpaceae　杜英属 *Elaeocarpus*

Elaeocarpus japonicus Sieb. et Zucc.

保护级别		CITES 附录	IUCN 级别	中国生物多样性红色名录——高等植物卷（2013年）	中国高等植物受威胁物种名录（2017年）	中国特有	
国家级	江西省级 2		LC	LC		是	否 √

生物学特征 常绿乔木；嫩枝秃净无毛；叶芽有发亮绢毛。叶革质，通常卵形；初时上下两面密被银灰色绢毛，很快变秃净；老叶上面深绿色，发亮，干后仍有光泽，下面无毛，有多数细小黑腺点。总状花序。核果椭圆形1室，种子1粒。花期4—5月，果期8—9月。

分布及生境 九连山全山有分布，生于海拔300～1000m的山坡林中。

用途 木材可制家具，又是放养香菇的理想木材。

受危因素 生境变化，人为砍伐。

猴欢喜

（别名：猴栗苞）

杜英科Elaeocarpaceae　猴欢喜属*Sloanea*

Sloanea sinensis (Hance) Hemsl.

保护级别		CITES 附录	IUCN 级别	中国生物多样性红色 名录——高等植物卷 （2013年）	中国高等植物受威胁 物种名录 （2017年）	中国特有	
国家级	江西省级 3		LC	LC		是	否
							√

生物学特征 常绿乔木；嫩枝无毛。叶薄革质，长圆形或狭窄倒卵形。花多朵簇生于枝顶叶腋。蒴果，内果皮紫红色黑色，有光泽，假种皮黄色。花期9—11月，果翌年9—10月成熟。

分布及生境 九连山全山有分布，生于海拔300~1000m的山坡林中。

用途 园林观赏。

受危因素 生境变化，人为砍伐。

东方古柯 古柯科 Erythroxylaceae 古柯属 *Erythroxylum*

Erythroxylum sinense Y. C. Wu

保护级别		CITES 附录	IUCN 级别	中国生物多样性红色 名录——高等植物卷 （2013年）	中国高等植物受威胁 物种名录 （2017年）	中国特有	
国家级	江西省级 3		LC	LC		是	否
							√

生物学特征 常绿乔木；树皮灰色；小枝无毛，干后黑褐色。叶纸质，长椭圆形。花腋生，2～7朵簇生于极短的总花梗上。核果长圆形，具3纵棱，稍弯。花期4—5月，果期6—10月。

分布及生境 九连山全山有分布，生于海拔400～1000m的山坡林中。

用途 可药用和制麻醉剂。

受危因素 生境变化。

天料木 杨柳科Salicaceae 天料木属*Homalium*

Homalium cochinchinense (Lour.) Druce

保护级别		CITES 附录	IUCN 级别	中国生物多样性红色 名录——高等植物卷 （2013年）	中国高等植物受威胁 物种名录 （2017年）	中国特有	
国家级	江西省级 3					是	否
							√

生物学特征 落叶乔木；树皮灰褐色或紫褐色；小枝圆柱形，幼时密被带黄色短柔毛，老枝无毛，有明显纵棱。叶纸质；宽椭圆状长圆形至倒卵状长圆形。总状花序。蒴果倒圆锥状。花期5年，果期9—12月。

分布及生境 九连山全山有分布，生于海拔400～800m的山坡林中。

用途 用材树种。

受危因素 生境变化，人为砍伐。

多花山竹子 （别名：木竹子）

藤黄科 Clusiaceae　　藤黄属 Garcinia

Garcinia multiflora Champ. ex Benth.

保护级别		CITES 附录	IUCN 级别	中国生物多样性红色名录——高等植物卷（2013年）	中国高等植物受威胁物种名录（2017年）	中国特有	
国家级	江西省级 3	LC		LC		是	否
							√

生物学特征 常绿乔木；树皮灰白色，粗糙；小枝绿色，具纵槽纹。叶片革质，卵形。花杂性，同株，雄花序成聚伞状圆锥花序式，雌花序有雌花1~5朵。果卵圆形至倒卵圆形，成熟时黄色，盾状柱头宿存。种子1~2粒。花期6—8月，果期11—12月，同时偶有花果并存。

分布及生境 九连山全山有分布，生于海拔300~800m的山坡林中。

用途 种子含油可供制肥皂和机械润滑油用；树皮入药，有消炎功效，可治各种炎症；木材暗黄色，坚硬，可做船板，家具及工艺雕刻用材。

受危因素 生境变化，人为采挖。

重阳木 叶下珠科 Phyllanthaceae 秋枫属 *Bischofia*

Bischofia polycarpa (Levl.) Airy Shaw

保护级别		CITES附录	IUCN级别	中国生物多样性红色名录——高等植物卷（2013年）	中国高等植物受威胁物种名录（2017年）	中国特有	
国家级	江西省级 3	LC	LC			是 √	否

生物学特征 落叶乔木；树皮褐色，纵裂，树冠伞形状，当年生枝绿色，皮孔明显。三出复叶，卵形或椭圆状卵形。花雌雄异株，总状花序。果实浆果状，圆球形，成熟时褐红色。花期4—5月，果期10—11月。

分布及生境 九连山下河湖、大丘田、中迳有分布，生于海拔400～700m的林缘。

用途 材质略重而坚韧，结构细而匀，有光泽，适于建筑、造船、车辆、家具等用材。

受危因素 生境变化，人为砍伐。

尾叶紫薇　千屈菜科Lythraceae　紫薇属*Lagerstroemia*

Lagerstroemia caudata Chun et How ex S. Lee et L. Lau

保护级别		CITES 附录	IUCN 级别	中国生物多样性红色名录——高等植物卷（2013年）	中国高等植物受威胁物种名录（2017年）	中国特有	
国家级	江西省级		NT	NT		是	否
	3					√	

生物学特征 落叶乔木；全体无毛，树皮光滑，褐色，成片状剥落。叶纸质至近革质，互生，阔椭圆形，顶端尾尖或短尾状渐尖，中脉在上面稍下陷，在下面凸起，侧脉5～7对，在近边缘处分叉而互相连接，全缘或微波状。圆锥花序生于主枝及分枝顶端，花白色。蒴果矩圆状球形，成熟时带红褐色。花期4—5月，果期10—11月。

分布及生境 九连山横坑水、大丘田有分布，生于海拔400～700m岩石较多的林中。

用途 木材坚硬，纹理细致，淡黄色，适于做上等家具、室内装修、细木工或雕刻等用材；园林观赏。

受危因素 生境变化，人为砍伐、采挖。

赤楠 （别名：米筛子）

桃金娘科Myrtaceae　蒲桃属*Syzygium*

Syzygium buxifolium Hook. et Arn.

保护级别		CITES 附录	IUCN 级别	中国生物多样性红色 名录——高等植物卷 （2013年）	中国高等植物受威胁 物种名录 （2017年）	中国特有	
国家级	江西省级 3		LC	LC		是	否 √

生物学特征 灌木或小乔木；嫩枝有棱。叶片革质，阔椭圆形至椭圆形，上面干后暗褐色，无光泽，下面稍浅色，有腺点。聚伞花序顶生，花白色。核果球形。花期6—7月，果期11—12月。

分布及生境 九连山全山有分布，生于海拔300~1100m的山坡林中或山脊上。

用途 园林观赏。

受危因素 人为采挖。

轮叶蒲桃 （别名：米筛子）

桃金娘科 Myrtaceae　蒲桃属 *Syzygium*

Syzygium grijsii (Hance) Merr. et Perry

保护级别		CITES 附录	IUCN 级别	中国生物多样性红色名录——高等植物卷（2013年）	中国高等植物受威胁物种名录（2017年）	中国特有	
国家级	江西省级					是	否
	3	LC	LC			√	

生物学特征　常绿灌木；嫩枝纤细，有4棱；叶片革质，细小，常3叶轮生，狭窄长圆形或狭披针形。聚伞花序顶生。果实球形。花期5—6月，果期11—12月。

分布及生境　九连山全山有分布，生于海拔300～700m的山坡林中或山脊上。

用途　园林观赏。

受危因素　人为采挖。

黄连木 漆树科 Anacardiaceae 黄连木属 *Pistacia*

Pistacia chinensis Bunge

保护级别		CITES 附录	IUCN 级别	中国生物多样性红色名录——高等植物卷（2013年）	中国高等植物受威胁物种名录（2017年）	中国特有	
国家级	江西省级 3		LC	LC		是	否
						√	

生物学特征 落叶乔木；树干扭曲；树皮暗褐色，呈鳞片状剥落，具细小皮孔，疏被微柔毛或近无毛。奇数羽状复叶互生，有小叶5～6对，小叶对生或近对生，纸质，披针形。圆锥花序腋生，核果倒卵状球形，略压扁，成熟时紫红色，干后具纵向细条纹，先端细尖。花期3—4月，果期10月。

分布及生境 龙南小武当有分布，生于海拔500～600m的山坡林中。

用途 木材鲜黄色，可提取黄色染料，材质坚硬致密，可做家具和细木工用材。种子榨油可提取生物柴油。

受危因素 生境变化，人为砍伐。

三角槭 （别名：三角枫）

无患子科 Sapindaceae　槭属 *Acer*

Acer buergerianum Miq.

保护级别		CITES 附录	IUCN 级别	中国生物多样性红色 名录——高等植物卷 （2013年）	中国高等植物受威胁 物种名录 （2017年）	中国特有	
国家级	江西省级					是	否
	3		LC	LC			√

生物学特征 落叶乔木；树皮褐色或深褐色，粗糙；小枝细瘦。叶纸质；基部近于圆形或楔形，椭圆形或倒卵形，通常浅3裂，裂片向前延伸，稀全缘。伞房花序，翅果黄褐色。小坚果特别凸起，翅与小坚果共长2~2.5cm，张开成锐角或近于直立。花期4月，果期10月。

分布及生境 九连山虾公塘、黄牛石有分布，生于海拔700~1000m的山坡林中。

用途 园林观赏。

受危因素 生境变化，人为砍伐、采挖。

樟叶槭 （别名：桂叶槭、革叶槭）

无患子科 Sapindaceae　　槭属 *Acer*

Acer coriaceifolium Lévl.

保护级别		CITES 附录	IUCN 级别	中国生物多样性红色名录——高等植物卷（2013年）	中国高等植物受威胁物种名录（2017年）	中国特有	
国家级	江西省级 3	LC		LC		是	否
							√

生物学特征　常绿乔木；树皮粗糙，深褐色或深灰色；小枝近于圆柱形。叶革质，长圆披针形或披针形，干后淡黄绿色。花序伞房状。小坚果浅褐色，凸起，卵圆形，翅镰刀形，宽7mm，连同小坚果长3～3.5cm，张开成钝角。花期5月，果期10月。

分布及生境　九连山电厂、横坑水、大丘田有分布，生于海拔400～600m的山坡林中。

用途　园林观赏。

受危因素　生境变化，人为砍伐、采挖。

无患子 （别名：洗手果）

无患子科 Sapindaceae　无患子属 *Sapindus*

Sapindus saponaria Linnaeus

保护级别		CITES 附录	IUCN 级别	中国生物多样性红色名录——高等植物卷（2013年）	中国高等植物受威胁物种名录（2017年）	中国特有	
国家级	江西省级 3		LC	LC		是	否
							√

生物学特征 落叶乔木；树皮灰褐色或黑褐色。偶数羽状复叶，小叶5～8对，通常近对生，叶片薄纸质，长椭圆状披针形或稍呈镰刀形。圆锥花序顶生。果的发育分果爿近球形，橙黄色，干时变黑。花期5—6月，果期10—11月。

分布及生境 九连山全山有零星分布，生于海拔400～700m的山坡林中。

用途 木材质软，可做箱板和木梳，果皮含有皂素，可代替肥皂及提取生物柴油。

受危因素 生境变化，人为砍伐、采挖。

密花梭罗　　锦葵科 Malvaceae　梭罗树属 *Reevesia*

Reevesia pycnantha Ling

保护级别		CITES 附录	IUCN 级别	中国生物多样性红色 名录——高等植物卷 （2013年）	中国高等植物受威胁 物种名录 （2017年）	中国特有	
国家级	江西省级 3		VU	VU	VU	是 √	否

生物学特征　落叶乔木；小枝灰色，有条纹，无毛。叶薄纸质；倒卵状矩圆形；两面均无毛或幼时在主脉的基部有少许的疏生短柔毛。聚伞状圆锥花序密生，顶生。蒴果椭圆状梨形，顶端截形，密被淡黄褐色短柔毛。种子连翅长1.6cm，翅膜质，矩圆状镰刀形。花期6月，果期10—11月。

分布及生境　九连山电厂、虾公塘、坪坑有分布，生于海拔400～700m的山坡林中。

用途　园林观赏。

受危因素　生境变化，人为砍伐、采挖。

青皮木　青皮木科 Schoepfiaceae　青皮木属 *Schoepfia*

Schoepfia jasminodora Sieb. et Zucc.

保护级别		CITES 附录	IUCN 级别	中国生物多样性红色 名录——高等植物卷 （2013年）	中国高等植物受威胁 物种名录 （2017年）	中国特有	
国家级	江西省级 3	LC		LC		是	否
							√

生物学特征 落叶小乔木；树皮灰褐色；具短枝。叶纸质；卵形或长卵形；叶上面绿色，背面淡绿色。聚伞花序，花冠钟形或宽钟形，白色或浅黄色；果椭圆状或长圆形，成熟时几全部被增大成壶状的花萼筒所包围，增大的花萼筒外部紫红色，花叶同放。花期3—5月，果期4—6月。

分布及生境 九连山全山有分布，生于海拔300～1000m的山坡林中。

用途 园林观赏。

受危因素 生境变化。

蓝果树

（别名：紫树、阿了梨）

蓝果树科 Nyssaceae　蓝果树属 *Nyssa*

Nyssa sinensis Oliv.

保护级别		CITES 附录	IUCN 级别	中国生物多样性红色名录——高等植物卷（2013年）	中国高等植物受威胁物种名录（2017年）	中国特有	
国家级	江西省级			LC		是	否
	3						√

生物学特征　落叶乔木；树皮淡褐色或深灰色，粗糙，常裂成薄片脱落。叶纸质或薄革质，互生，椭圆形或长椭圆形。花序伞形或短总状。核果矩圆状椭圆形或长倒卵圆形，幼时紫绿色，成熟时深蓝色，后变深褐色。种子外壳坚硬，骨质，稍扁，有5～7条纵沟纹。花期4月下旬，果期9月。

分布及生境　九连山全山有分布，生于海拔300～900m的山坡林中。

用途　用材树种。

受危因素　生境变化，人为砍伐。

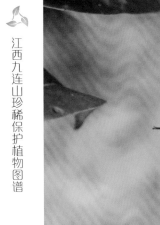

杨桐

五列木科 Pentaphylacaceae　杨桐属 *Adinandra*

Adinandra millettii (Hook. et Arn.) Benth. et Hook. f. ex Hance

保护级别		CITES 附录	IUCN 级别	中国生物多样性红色名录——高等植物卷（2013年）	中国高等植物受威胁物种名录（2017年）	中国特有	
国家级	江西省级					是	否
	3			LC			√

生物学特征 灌木或小乔木；树皮灰褐色或灰白色，全株无毛，顶芽大，长锥形。叶革质，长圆形或长圆状椭圆形至椭圆形。花常2~4朵腋生，白色。果实圆球形，成熟时紫黑色。种子每室数个至10多个。花期5—6月，果期10—11月。

分布及生境 九连山全山有分布，生于海拔300~1000m的沟谷及山坡林中。

用途 园林观赏。

受危因素 生境变化，人为采挖。

厚皮香 （别名：猪血木）

五列木科 Pentaphylacaceae　厚皮香属 *Ternstroemia*

Ternstroemia gymnanthera (Wight et Arn.) Beddome

保护级别		CITES 附录	IUCN 级别	中国生物多样性红色 名录——高等植物卷 （2013年）	中国高等植物受威胁 物种名录 （2017年）	中国特有	
国家级	江西省级			LC		是	否
	3						√

生物学特征 常绿乔木；树皮灰褐色，平滑，全株无毛。叶革质或薄革质，通常聚生于枝端，呈假轮生状，椭圆形。花两性或单性，淡黄白。果实圆球形，小苞片和萼片均宿存。种子肾形，成熟时肉质假种皮红色。花期5—7月，果期9—10月。

分布及生境 九连山全山有分布，生于海拔400～900m的沟谷及山坡林中。

用途 用材树种；园林观赏。

受危因素 生境变化，人为砍伐。

虎舌红　报春花科 Primulaceae　紫金牛属 Ardisia

Ardisia mamillata Hance

保护级别		CITES 附录	IUCN 级别	中国生物多样性红色名录——高等植物卷（2013年）	中国高等植物受威胁物种名录（2017年）	中国特有	
国家级	江西省级					是	否
	1						√

生物学特征 矮小灌木；具匍匐的木质根茎，直立茎高不超过15cm，幼时密被锈色卷曲长柔毛，以后无毛或几无毛。叶互生或簇生于茎顶端，叶片坚纸质，倒卵形至长圆状倒披针形。伞形花序，单1，着生于侧生特殊花枝顶端，花瓣粉红色。果球形，鲜红色。花期6—7月，果期11月至翌年1月。

分布及生境 九连山花雨露、虾公塘、大丘田有分布，生于海拔200～600m的阔叶林下。

用途 全草有清热利湿、活血止血、去腐生肌等功效，用于风湿跌打、外伤出血、小儿疳积、产后虚弱、月经不调、肺结核咳血、肝炎、胆囊炎等症；叶色美丽、果实艳，也为优良观赏植物。

受危因素 生境变化，人为采挖。

血党 （别名：九管血）

报春花科 Primulaceae　紫金牛属 *Ardisia*

Ardisia brevicaulis Diels

保护级别		CITES 附录	IUCN 级别	中国生物多样性红色名录——高等植物卷（2013年）	中国高等植物受威胁物种名录（2017年）	中国特有	
国家级	江西省级	LC	LC			是	否
	2					√	

生物学特征　矮小灌木，具匍匐生根的根茎，直立茎高10～15cm，幼嫩时被微柔毛。叶片坚纸质，狭卵形或卵状披针形，叶面无毛，背面被细微柔毛。伞形花序，花瓣粉红色，卵形。果球形，鲜红色，具腺点，宿存萼与果梗通常为紫红色。花期6—7月，果期10—12月。

分布及生境　九连山全山有零星分布，生于海拔300～1000m的阔叶林下。

用途　全株入药，有祛风解毒之功，用于治风湿筋骨痛，痨伤咳嗽，喉蛾、蛇咬伤和无名肿毒；根有当归的作用，又因根横断面有血红色液汁渗出，故有血党之称。

受危因素　生境变化，人为采挖。

小果石笔木 （别名：小果核果茶）

山茶科 Theaceae　核果茶属 *Pyrenaria*

Pyrenaria microcarpa (Dunn) H. Keng

保护级别		CITES 附录	IUCN 级别	中国生物多样性红色 名录——高等植物卷 （2013年）	中国高等植物受威胁 物种名录 （2017年）	中国特有	
国家级	江西省级 3		LC			是	否
							√

生物学特征 常绿乔木；树皮红褐色，嫩枝初时有微毛，以后变秃。叶薄革质，长圆形。花单生于枝顶叶腋，花瓣白色。蒴果近球形。每室有种子2～3粒，中柱三角形，种子长1cm。

分布及生境 九连山全山有分布，生于海拔300～700m的沟谷林中。

用途 园林观赏。

受危因素 生境变化，自然灾害，人为砍伐。

银钟花

安息香科 Styracaceae　银钟花属 *Perkinsiodendron*

Perkinsiodendron macgregorii (Chun) P. W. Fritsch

保护级别		CITES 附录	IUCN 级别	中国生物多样性红色 名录——高等植物卷 （2013年）	中国高等植物受威胁 物种名录 （2017年）	中国特有	
国家级	江西省级					是	否
	2	VU/LC		NT		√	

生物学特征 落叶乔木；树皮光滑，灰色；小枝紫褐色，后渐变为灰褐色。叶纸质，椭圆形。花白色，常下垂。核果长椭圆形或椭圆形，有4翅，初为肉质，黄绿色，成熟后干燥呈褐红色，顶端常有宿存的萼齿。花期4月，果期10月。

分布及生境 九连山全山有零星分布，生于海拔500～900m的阔叶林中。

用途 树干通直，边材淡黄色，心材淡红色，纹理致密，可用于制作各种家具或农具。

受危因素 生境变化，自然灾害，人为砍伐。

桂花 （别名：木樨）

木樨科 Oleaceae　木樨属 *Osmanthus*

Osmanthus fragrans (Thunb.) Loureiro

保护级别		CITES 附录	IUCN 级别	中国生物多样性红色名录——高等植物卷（2013年）	中国高等植物受威胁物种名录（2017年）	中国特有	
国家级	江西省级	LC	LC	LC		是	否
	2					√	

生物学特征 常绿乔木或灌木；树皮灰褐色。叶片革质，椭圆形、长椭圆形。聚伞花序簇生于叶腋，花冠黄白色、淡黄色、黄色或橘红色，花极芳香。果歪斜，椭圆形，呈紫黑色。花期9至10月上旬，果期翌年3月。

分布及生境 九连山全山有分布，生于海拔300～800m的沟谷及山坡林中。

用途 各地广泛栽培。花为名贵香料，可作食品香料。

受危因素 生境变化，人为采挖。

江西九连山珍稀保护植物图谱

条叶龙胆 龙胆科 Gentianaceae 龙胆属 *Gentiana*

Gentiana manshurica Kitag.

保护级别		CITES 附录	IUCN 级别	中国生物多样性红色名录——高等植物卷（2013年）	中国高等植物受威胁物种名录（2017年）	中国特有	
国家级	江西省级			EN	EN	是	否
	3						√

生物学特征 多年生草本，根茎平卧或直立，具多数粗壮、略肉质的须根。花枝单生，直立，花1～2朵，顶生或腋生；无花梗或具短梗；花冠蓝紫色或紫色，筒状钟形。蒴果内藏，宽椭圆形，两端钝。种子褐色，有光泽，线形或纺锤形，表面具增粗的网纹，两端具翅。花果期8—11月。

分布及生境 九连山横坑水、坪坑有分布，生于海拔400～500m的田边、路边。

受危因素 生境变化，人为采挖。

铁冬青 （别名：红果冬青、救必应）

冬青科 Aquifoliaceae　冬青属 *Ilex*

Ilex rotunda Thunb.

保护级别		CITES 附录	IUCN 级别	中国生物多样性红色名录——高等植物卷（2013年）	中国高等植物受威胁物种名录（2017年）	中国特有	
国家级	江西省级		LC	LC		是	否
	3						√

生物学特征 常绿乔木；树皮灰色至灰黑色，小枝圆柱形，顶芽圆锥形。叶片薄革质或纸质，卵形或椭圆形。聚伞花序或伞形状花序单生于当年生枝的叶腋内，花白色。果近球形或稀椭圆形，成熟时红色。种子背面具3纵棱及2沟。花期4月，果期8—12月。

分布及生境 九连山全山有分布，生于海拔300～800m的沟谷溪边。

用途 叶和树皮入药，凉血散血，有清热利湿、消炎解毒、消肿镇痛之功效；园林观赏。

受危因素 生境变化，人为采挖。

云锦杜鹃 杜鹃花科Ericaceae 杜鹃花属*Rhododendron*

Rhododendron fortunei Lindl.

保护级别		CITES 附录	IUCN 级别	中国生物多样性红色名录——高等植物卷（2013年）	中国高等植物受威胁物种名录（2017年）	中国特有	
国家级	江西省级					是	否
	3	LC	LC			√	

生物学特征 常绿灌木或小乔木；树皮褐色，片状开裂，顶生冬芽阔卵形，长约1cm，无毛。叶厚革质，长圆形至长圆状椭圆形。顶生总状伞形花序疏松，粉红色，有香味。蒴果长圆状卵形至长圆状椭圆形，有肋纹及腺体残迹。花期4—5月，果期8—10月。

分布及生境 九连山虾公塘、黄牛石有分布，生于海拔700～1000m的山坡林中。

用途 园林观赏。

受危因素 生境变化，人为采挖，自然灾害。

白花前胡

（别名：前胡）

伞形科 Apiaceae　前胡属 *Peucedanum*

Peucedanum praeruptorum Dunn

保护级别		CITES 附录	IUCN 级别	中国生物多样性红色 名录——高等植物卷 （2013年）	中国高等植物受威胁 物种名录 （2017年）	中国特有	
国家级	江西省级					是	否
	3	LC	LC		√	

生物学特征　多年生草本，高0.6～1m；根颈粗壮，根圆锥形，末端细瘦，常分叉。茎圆柱形，下部无毛，上部分枝多有短毛，髓部充实。基生叶具长柄，基部有卵状披针形叶鞘；叶片轮廓宽卵形或三角状卵形，三出式二至三回分裂。复伞形花序多数，顶生或侧生，花白色。果实卵圆形。花期8—9月，果期10—11月。

分布及生境　九连山虾公塘、中迳有分布，生于海拔400～700m的路边。

用途　根供药用，为常用中药，能解热，祛痰，治感冒咳嗽、支气管炎及疖肿。

受危因素　生境变化，人为采挖。

黑老虎 （别名：大酒饭团）

五味子科 Schisandraceae　冷饭藤属 *Kadsura*

Kadsura coccinea (Lem.) A. C. Smith

保护级别		CITES 附录	IUCN 级别	中国生物多样性红色名录——高等植物卷（2013年）	中国高等植物受威胁物种名录（2017年）	中国特有	
国家级	江西省级					是	否
		VU	VU	VU	VU		√

生物学特征　多年生藤本；全株无毛。叶革质，长圆形至卵状披针形。花单生于叶腋，稀成对，雌雄异株，花被片红色。聚合果近球形，红色或暗紫色，径6~10cm或更大，小浆果倒卵形，外果皮革质，不显出种子，种子心形或卵状心形。花期5月，果期10—11月。

分布及生境　九连山全山有分布，攀缘于海拔400~900m的树木树冠上。

用途　根药用，能行气活血，消肿止痛，治胃病、风湿骨痛、跌打瘀痛，并为妇科常用药。果成熟后味甜，可食。

受危因素　生境变化，人为采挖。

龙眼润楠 （别名：白荷槁）

樟科 Lauraceae　润楠属 *Machilus*

Machilus oculodracontis Chun

保护级别		CITES 附录	IUCN 级别	中国生物多样性红色名录——高等植物卷（2013年）	中国高等植物受威胁物种名录（2017年）	中国特有	
国家级	江西省级		EN	EN	EN	是	否
						√	

生物学特征 常绿乔木；幼嫩枝、叶有很快脱落的微柔毛。叶椭圆状倒披针形或椭圆状披针形。总状花序，伞房式排列在小枝的顶部，花黄绿色。果球形，直径1.8~2cm，蓝黑色。花期5月，果期8—9月。

分布及生境 九连山花露、横坑水、中迳有分布，生于海拔400~700m的山坡林中。

用途 用材树种。

受危因素 生境变化，自然灾害，人为砍伐。

利川慈姑　泽泻科 Alismataceae　慈姑属 *Sagittaria*

Sagittaria lichuanensis J. K. Chen

保护级别		CITES 附录	IUCN 级别	中国生物多样性红色 名录——高等植物卷 （2013年）	中国高等植物受威胁 物种名录 （2017年）	中国特有	
国家级	江西省级		EN/VU	VU	VU	是	否
						√	

生物学特征　多年生沼生草本。叶挺水，直立，叶片箭形，全长约15cm，叶柄长26～28cm，基部具鞘，边缘近膜质；鞘内具珠芽，珠芽褐色，倒卵形。花葶直立，挺水，高32～60cm，圆柱状；圆锥花序，花单性；白色，花药黄色，长约2mm，宽约1mm。花期7—8月。

分布及生境　九连山上围、中迳有分布，生于海拔400～700m的沟谷浅水湿地及水田中。

用途　药用植物。

受危因素　生境变化，除草剂危害，人为采挖。

多枝霉草　霉草科 Triuridaceae　霉草属 *Sciaphila*

Sciaphila ramosa Fukuyma et Suzuki

保护级别		CITES附录	IUCN级别	中国生物多样性红色名录——高等植物卷（2013年）	中国高等植物受威胁物种名录（2017年）	中国特有	
国家级	江西省级		EN	EN	EN	是	否
							√

生物学特征　腐生草本，淡红色，无毛。根少，自根茎上生出，具稀疏而长的细柔毛。茎细，直立，圆柱形，分枝多，中部直径0.5～0.75mm，连同花序高约12cm。叶少，鳞片状，披针形，先端具尖头。花雌雄同株，花序头状，短，疏松排列3～7朵花；花梗细，斜展或直立，雄花位于花序上部，雌花子房多数，堆集成球形，成熟心皮倒卵形，稍弯曲。花期8月。

分布及生境　九连山坪坑有分布，生于海拔700～800m的竹林下。

受危因素　生境变化，自然灾害。

血红肉果兰　　兰科Orchidaceae　肉果兰属*Cyrtosia*

Cyrtosia septentrionalis (Rchb. F.) Garay

保护级别		CITES 附录	IUCN 级别	中国生物多样性红色名录——高等植物卷（2013年）	中国高等植物受威胁物种名录（2017年）	中国特有	
国家级	江西省级	II	VU	VU	VU	是	否
	1						√

生物学特征 较高大腐生草本。根状茎粗壮，近横走，粗1～2cm，疏被卵形鳞片。茎直立，红褐色，高30～170cm，下部近无毛，上部被锈色短茸毛。花序顶生和侧生；侧生总状花序长3～7（～10）cm，具4～9朵花；花序轴被锈色短茸毛；总状花序基部的不育苞片卵状披针形，长1.5～2.5cm；花苞片卵形，长2～3mm，背面被锈色毛；花梗和子房长1.5～2cm，密被锈色短茸毛；花黄色，多少带红褐色；萼片椭圆状卵形，长达2cm，背面密被锈色短茸毛；花瓣与萼片相似，略狭，无毛；唇瓣近宽卵形，短于萼片，边缘有不规则齿缺或呈啮蚀状，内面沿脉上有毛状乳突或偶见鸡冠状褶片；蕊柱长约7mm。果实肉质，血红色，近长圆形，长7～13cm，宽1.5～2.5cm。种子周围有狭翅，连翅宽不到1mm。花期5—7月，果期9月。

分布及生境 九连山虾公塘有分布，生于海拔400～800m的阔叶林或混交林中。

用途 民间药用。

受危因素 生境变化，自然灾害，人为采挖。

十字兰 兰科Orchidaceae 玉凤花属*Habenaria*

Habenaria schindleri Schltr.

保护级别		CITES 附录	IUCN 级别	中国生物多样性红色名录——高等植物卷（2013年）	中国高等植物受威胁物种名录（2017年）	中国特有	
国家级	江西省级	II	VU	VU		是	否
	1						√

生物学特征 地生草本；植株高25～70cm。块茎肉质，长圆形或卵圆形。茎直立，圆柱形，具多枚疏生的叶，向上渐小成苞片状。中下部的叶4～7枚，其叶片线形，长5～23cm，宽3～9mm，先端渐尖，基部成抱茎的鞘。总状花序具10～20（余）朵花，长10～18cm，花序轴无毛；花苞片线状披针形至卵状披针形，下部的长15～20mm，基部宽3～5mm，先端长渐尖，长于子房，无毛；子房圆柱形，扭转，稍弧曲，无毛，连花梗长1.4～1.5cm；花白色，无毛；中萼片卵圆形，直立，凹陷呈舟状，长4.5～5mm，宽4～4.5mm，先端钝，具5脉，与花瓣靠合呈兜状；侧萼片强烈反折，斜长圆状卵形，长6～7mm，宽4～5mm，先端近急尖，具4（～5）脉；花瓣直立，轮廓半正三角形，2裂；上裂片长4mm，宽2mm，先端稍钝，具2脉；下裂片小齿状，三角形，先端2浅裂；唇瓣向前伸，长（11～）13～15mm，基部线形，近基部的1/3处3深裂，呈"十"字形，裂片线形，近等长；中裂片劲直，长7～9mm，宽0.8mm，全缘，先端渐尖；侧裂片与中裂片垂直伸展，近直，长7～9mm，宽1～1.5mm，向先端增宽且具流苏；距下垂，长1.4～1.5cm，近末端突然膨大，粗棒状，向前弯曲，末端钝，与子房等长；柱头2个，隆起，长圆形，向前伸，并行。花期7—9（—10）月。

分布及生境 九连山上湖有分布，生于海拔700～800m的山坡林下或沟谷草丛中。

用途 园林观赏。

受危因素 生境变化，自然灾害，人为采挖。

小小斑叶兰 兰科Orchidaceae 斑叶兰属*Goodyera*

Goodyera pusilla Bl.

保护级别		CITES 附录	IUCN 级别	中国生物多样性红色名录——高等植物卷（2013年）	中国高等植物受威胁物种名录（2017年）	中国特有	
国家级	江西省级	II	LC	VU	VU	是	否
	1					√	

生物学特征 地生草本；植株高约8cm。根状茎伸长，茎状，匍匐，具节。茎直立，带红色或红褐色，具3～5枚疏生的叶。叶片卵形至椭圆形，长1.5～2.6cm，宽0.9～1.6cm，绿色，上面具白色由均匀细脉连接成的网脉纹，偶尔中肋处整个呈白色，先端急尖，基部圆形，具柄；叶柄很短或长约5mm。花茎长约4cm，具12朵密生的花，无毛；花苞片卵状披针形，长7.5mm，宽3.2mm，先端渐尖，尾状，基部边缘具细锯齿；子房圆柱形，红色，无毛，连花梗长5.5～6mm；花小，红褐色，微张开，多偏向一侧；萼片背面无毛，先端钝，具1脉；中萼片椭圆形，凹陷，长3.8mm，宽2.5mm，红褐色，基部白色，与花瓣黏合呈兜状；侧萼片斜卵形，长4.5mm，宽2.8mm，淡红褐色，先端白色；花瓣斜菱状倒披针形，长3mm，宽1mm，白色，先端钝，前部边缘具细锯齿，具1脉，无毛；唇瓣肉质，伸展时长4mm，宽4mm，凹陷呈深囊状，内面具腺毛，前部边缘具不规则的细锯齿或全缘；蕊柱短。花期8—9月。

分布及生境 九连山山脉均有分布，生于海拔400～1000m的林下阴湿处。

用途 园林观赏。

受危因素 生境变化，自然灾害，人为采挖。

毛叶芋兰

兰科 Orchidaceae 芋兰属 *Nervilia*

Nervilia plicata (Andr.) Schltr.

保护级别		CITES 附录	IUCN 级别	中国生物多样性红色名录——高等植物卷（2013年）	中国高等植物受威胁物种名录（2017年）	中国特有	
国家级	江西省级	II		VU	VU	是	否
	1						√

生物学特征 地生草本；块茎圆球形，直径5～10mm。叶1枚，在花凋谢后长出，上面暗绿色，有时带紫绿色，背面绿色或暗红色，质地较厚，干后绿色，带圆的心形，长7.5～11cm，宽10～13cm，先端急尖，基部心形，边缘全缘，具20～30条在叶两面隆起的粗脉，两面的脉上、脉间和边缘均有粗毛；叶柄长1.5～3cm。花葶高12～20cm，下部具2～3枚常多少带紫红色的筒状鞘；总状花序具2（～3）朵花；花苞片披针形，短小，先端渐尖，较子房和花梗短；子房椭圆形，具棱，无毛，长5～7mm，具长约5mm、向下弯曲的细花梗；花多少下垂，半张开；萼片和花瓣棕黄色或淡红色，具紫红色脉，近等大，线状长圆形，长20～25mm，宽2.5～3mm，先端渐尖；唇瓣带白色或淡红色，具紫红色脉，凹陷，摊平后为近菱状长椭圆形，长18～20mm，宽10～12mm，内面无毛，近中部有不明显的3浅裂；侧裂片小，先端钝圆或钝，直立，围抱蕊柱；中裂片明显较侧裂片大，近四方形或卵形，先端有时略凹缺；蕊柱长约10mm。花期5—6月。

分布及生境 九连山黄牛石有分布，生于海拔400～800m的林下或沟谷阴湿处。

用途 块茎药用，具有清热解毒、补肾、利尿、消肿、止带、杀虫等功效；园林观赏。

受危因素 生境变化，自然灾害，人为采挖。

单唇无叶兰　　兰科 Orchidaceae　无叶兰属 *Aphyllorchis*

Aphyllorchis simplex T. Tang et F. T. Wang

保护级别		CITES 附录	IUCN 级别	中国生物多样性红色 名录——高等植物卷 （2013年）	中国高等植物受威胁 物种名录 （2017年）	中国特有	
国家级	江西省级					是	否
	1	II	CR	CR	CR	√	

生物学特征　腐生草本；植株高48～53cm。具近直生的根状茎和少数肉质根；根状茎粗4～6mm，具较密的节；根较长，粗1.5～2mm。茎直立，无绿叶，下部节间长7～12mm，每节具1枚圆筒状、抱茎的鞘；鞘长4～18mm，向上逐渐过渡为不育苞片。总状花序长18～22cm，疏生10～13朵花；花苞片反折，线状披针形，长约1cm，具3脉；花梗长3～5mm；子房长1.2～1.7cm，疏被腺毛；花白色，近直立；萼片近披针状长圆形，长约1cm，宽2～3mm，先端近急尖；花瓣3枚相似，近长圆形，质地较薄，稍短于萼片，无特化的唇瓣；蕊柱长约8mm，顶端稍扩大，除药床两侧有银白色附属物（退化雄蕊）外，前上方尚有1枚线形附属物；附属物长0.7～1mm；柱头近顶生，上方为卵形蕊喙；蕊喙先端微缺。花期8月。

分布及生境　九连山虾公塘有分布，生于海拔600～900m的密林下石坡沙土中。

用途　园林观赏。

受危因素　生境变化，自然灾害，人为采挖。

长苞羊耳蒜 兰科Orchidaceae 羊耳蒜属*Liparis*

Liparis inaperta Finet

保护级别		CITES 附录	IUCN 级别	中国生物多样性红色名录——高等植物卷（2013年）	中国高等植物受威胁物种名录（2017年）	中国特有	
国家级	江西省级 1	II	CR	CR	CR	是 √	否

生物学特征 附生草本，较小。假鳞茎稍密集，卵形，长4～7mm，直径3～5mm，顶端具1枚叶。叶倒披针状长圆形至近长圆形，纸质，长2～7cm，宽6～13mm，先端渐尖，基部收狭成柄，有关节；叶柄长7～15mm。花莛长4～8cm；花序柄稍压扁，两侧具很狭的翅，下部无不育苞片；总状花序具数朵花；花苞片狭披针形，长3～5mm，在花序基部的长可达7mm；花梗和子房长4～7mm；花淡绿色，早期常呈管状，因中萼片两侧与侧萼片靠合所致，但后期分离；中萼片近长圆形，长约4.5mm，宽1.2mm，先端钝；侧萼片近卵状长圆形，斜歪，较中萼片略短而宽；花瓣狭线形，多少呈镰刀状，长3.5～4mm，宽约0.6mm，先端钝圆；唇瓣近长圆形，向基部略收狭，长3.5～4mm，上部宽1.5～2mm，先端近截形并具不规则细齿，近中央有细尖，无胼胝体或褶片；蕊柱长2.5～3mm，稍向前弯曲，上部有翅；翅近三角形，宽达0.8mm，多少向下延伸而略呈钩状；药帽前端有短尖。蒴果倒卵形，长5～6mm，宽4～5mm；果梗长4～5mm。花期9—10月，果期翌年5—6月。

分布及生境 九连山黄牛石有分布，生于海拔500～1000m沟谷树干基部或山谷水旁的岩石上。

用途 园林观赏。

受危因素 生境变化，自然灾害，人为采挖。

广东异型兰 兰科Orchidaceae 异型兰属*Chiloschista*

Chiloschista guangdongensis Z. H. Tsi

保护级别		CITES 附录	IUCN 级别	中国生物多样性红色名录——高等植物卷（2013年）	中国高等植物受威胁物种名录（2017年）	中国特有	
国家级	江西省级					是	否
	1	II	CR	CR	CR	√	

生物学特征 附生草本。茎极短，具许多扁平、长而弯曲的根，无叶。总状花序1～2个，下垂，疏生数朵花；花序轴和花序柄长1.5～6cm，粗1mm，密被硬毛；花苞片膜质，卵状披针形，长3～3.5mm，先端急尖，具1条脉，无毛；花梗和子房长约5mm，密被茸毛，花黄色，无毛；中萼片卵形，长约5mm，宽3mm，先端圆形，具5条脉；侧萼片近椭圆形，与中萼片约等大，先端圆形，具4条脉；花瓣相似于中萼片而稍小，具3条脉；唇瓣以1个关节与蕊柱足末端连接，3裂；侧裂片直立，半圆形；中裂片卵状三角形，与侧裂片近等大，先端圆形，上面在两侧裂片之间稍凹陷并且具1个海绵状球形的附属物；蕊柱长约1.5mm，基部扩大，具长约3mm的蕊柱足；药帽前端短喙状，两侧边缘各具1条丝状附属物。蒴果圆柱形，劲直，长2cm，粗约4mm。花期4月，果期5—6月。

分布及生境 龙南杨村保护区斜坡水有分布，生于海拔300～700m的树干或石壁上。

用途 园林观赏。

受危因素 生境变化，自然灾害，人为采挖。

黄松盆距兰　　兰科Orchidaceae　盆距兰属*Gastrochilus*

Gastrochilus japonicus (Makino) Schltr.

保护级别		CITES 附录	IUCN 级别	中国生物多样性红色名录——高等植物卷（2013年）	中国高等植物受威胁物种名录（2017年）	中国特有	
国家级	江西省级	II	VU	VU	VU	是	否
	1						√

生物学特征 附生草本。茎粗短，长2～10cm，粗3～5mm。叶二列互生，长圆形至镰刀状长圆形，或有时倒卵状披针形，长5～14cm，宽5～17mm，先端近急尖而稍钩曲，基部具1个关节和鞘，全缘或稍波状。总状花序缩短呈伞状，具4～7（～10）朵花；花序柄长1.5～2cm；花苞片近肉质，卵状三角形，长2～3mm，先端锐尖；花开展，萼片和花瓣淡黄绿色带紫红色斑点；中萼片和侧萼片相似而等大，倒卵状椭圆形或近椭圆形，长5～6mm，宽2.7～3mm，先端钝；花瓣近似于萼片而较小，先端钝；前唇白色带黄色先端，近三角形，长2～4mm，宽5～8mm，边缘啮蚀状或几乎全缘，上面除中央的黄色垫状物带紫色斑点和被细乳突外，其余无毛；后唇白色，近僧帽状或圆锥形，稍两侧压扁，长约7mm，宽4mm，上端口缘多少向前斜截，与前唇几乎在同一水平面上，末端圆钝、黄色；蕊柱短，淡紫色。

分布及生境 九连山寨下有分布，生于海拔500～800m的山地林中树干上。

用途 园林观赏。

受危因素 生境变化，自然灾害，人为采挖。

半枫荷　蕈树科 Altingiaceae　枫香树属 *Liquidambar*

Liquidambar cathayensis Chang

保护级别	CITES 附录	IUCN 级别	中国生物多样性红色名录——高等植物卷（2013年）	中国高等植物受威胁物种名录（2017年）	中国特有	
国家级　江西省级		LC/VU	VU	VU	是	否
					√	

生物学特征 常绿乔木；树皮灰色，稍粗糙。芽体长卵形，略有短柔毛；当年枝干后暗褐色，无毛；老枝灰色，有皮孔。叶簇生于枝顶，革质，异型，不分裂的叶片卵状椭圆形，或为掌状3裂，两侧裂片卵状三角形。雌花的头状花序单生，萼齿针形。头状果序，蒴果22～28个，宿存萼齿比花柱短。花期3月，果期10—11月。

分布及生境 九连山全山有零星分布，生于海拔300～900m的山坡林中。

用途 根供药用，治风湿跌打、瘀积肿痛、产后风瘫等。

受危因素 生境变化，人为砍伐、采挖。

闽粤蚊母树

金缕梅科 Hamamelidaceae　蚊母树属 *Distylium*

Distylium chungii (Metc.) Cheng

保护级别		CITES 附录	IUCN 级别	中国生物多样性红色名录——高等植物卷（2013年）	中国高等植物受威胁物种名录（2017年）	中国特有	
国家级	江西省级		VU	VU	VU	是	否
						√	

生物学特征　常绿小乔木；嫩枝被褐色星状绒毛，老枝变秃净，有皮孔，干后灰褐色。芽体裸露，外侧有星状绒毛。叶革质，矩圆形或卵状矩圆形。果序轴有褐色星状绒毛，蒴果卵圆形，外侧有褐色星状绒毛，果柄极短。种子卵圆形，褐色，有光泽。花期4月至5月下旬，果期10—11月。

分布及生境　九连山田心电厂、新开迳有分布，生于海拔400～700m的山坡林中。

用途　园林观赏。

受危因素　生境变化，自然灾害。

小尖堇菜 堇菜科 Violaceae 堇菜属 *Viola*

Viola mucronulifera Hand.-Mazz.

保护级别		CITES 附录	IUCN 级别	中国生物多样性红色 名录——高等植物卷 （2013年）	中国高等植物受威胁 物种名录 （2017年）	中国特有	
国家级	江西省级		VU	VU	VU	是 √	否

生物学特征 多年生草本；近无地上茎，或地上茎缩短，长仅1cm。根状茎细长，具稀疏的节，匍匐茎纤细、无毛，长可达15cm，节处生有多数不定根，顶端发出新植株。叶近基生或密集于短缩的茎上；叶片卵状心形或椭圆状心形，边缘具长流苏状齿。花白色或淡紫色。蒴果椭圆形。花期4—5月，果期5—6月。

分布及生境 九连山虾公塘有分布，生于海拔600～900m的阔叶林缘。

用途 园林观赏。

受危因素 生境变化。

红花香椿 楝科 Meliaceae 香椿属 *Toona*

Toona fargesii A. Chevalier

保护级别		CITES 附录	IUCN 级别	中国生物多样性红色名录——高等植物卷（2013年）	中国高等植物受威胁物种名录（2017年）	中国特有	
国家级	江西省级		VU	VU	VU	是	否
							√

生物学特征 落叶乔木；树皮灰色，有纵裂缝，小枝圆柱形，有线纹和皮孔，疏生短柔毛。叶为偶数或奇数羽状复叶，小叶互生或近对生，纸质，卵状长圆形。圆锥花序顶生，花红色。蒴果木质，种子两端有翅。花期5—6月，果期11月。

分布及生境 九连山田心电厂、虾公塘、横坑水、大丘田、黄牛石有分布，生于海拔600～900m的山坡林中。

用途 木材纹理美丽，质坚硬，有光泽，耐腐力强，易加工，为家具、室内装饰品及造船的优良木材。

受危因素 生境变化，人为砍伐。

吴茱萸五加　五加科 Araliaceae　萸叶五加属 *Gamblea*

Gamblea ciliata var. *evodiifolia* (Franchet) C. B. Shang et al.

保护级别		CITES 附录	IUCN 级别	中国生物多样性红色名录——高等植物卷（2013年）	中国高等植物受威胁物种名录（2017年）	中国特有	
国家级	江西省级					是	否
		VU	VU	VU	VU		√

生物学特征 落叶灌木或乔木；枝暗色，无刺，新枝红棕色，无毛，无刺。叶有3小叶，在长枝上互生，在短枝上簇生；小叶片纸质或革质。伞形花序有多数或少数花。果实球形，黑色。花期5—7月，果期8—10月。

分布及生境 九连山虾公塘、黄牛石有分布，生于海拔800～1000m的山坡林中。

用途 根皮药用，有散风湿、强筋骨、逐瘀活血之功效。

受危因素 生境变化。

湖南凤仙花 凤仙花科Balsaminaceae 凤仙花属*Impatiens*

Impatiens hunanensis Y. L. Chen

保护级别		CITES 附录	IUCN 级别	中国生物多样性红色 名录——高等植物卷 （2013年）	中国高等植物受威胁 物种名录 （2017年）	中国特有	
国家级	江西省级					是	否
							√

生物学特征 一年生草本，高30～60cm。茎肉质，直立，不分枝或分枝，干时有条纹，下部节膨大，具多数纤维状根，上部被疏短柔毛。叶近膜质，互生，具柄，卵形或卵状披针形，顶端渐尖或短尾尖，边缘具粗圆齿或圆齿状锯齿，齿间具细刚毛。总花梗单生于上部叶腋，明显短于叶。总状花序，花黄色，侧生萼片2，斜卵形或近圆形。蒴果长2.5cm，棒状，顶端尖。种子多数。花果期6—11月，模式标本采自江西龙南九连山。

分布及生境 九连山虾公塘、大丘田有分布，生于海拔600～800m的山谷林下河边。

用途 园林观赏。

受危因素 生境变化。

龙南后蕊苣苔 苦苣苔科 Gesneriaceae　后蕊苣苔属 Opithandra

Opithandra burttii W. T. Wang

保护级别	CITES附录	IUCN级别	中国生物多样性红色名录——高等植物卷（2013年）	中国高等植物受威胁物种名录（2017年）	中国特有	
					是	否
国家级　江西省级			NT		√	

生物学特征　一年生草本，高20～30cm。叶柄0.5～7.5cm，棕色具绵状毛；叶片椭圆形到长圆形，纸质，被微柔毛，侧脉6～8条。花序梗2～6cm，被微柔毛；苞片线形，花紫色，雄蕊贴生于花冠筒，超过基部，花丝无毛，花药离生，长方形。花期9—10月。模式标本采自江西龙南程龙乌枝山。

分布及生境　龙南安基山、夹湖，九连山中迳、大丘田有分布，生于海拔500～700m的沟谷林下岩石上。

用途　园林观赏。

受危因素　生境变化。

参考文献

曹晓平, 2018. 赣东北珍稀濒危树种资源[M]. 北京: 中国林业出版社.

国家林业和草原局, 农业农村部, 2021. 国家重点保护野生植物名录[EB/OL]. http://www. forestry. gov. cn/main/5461/20210908/162515850572900. html.

环境保护部, 中国科学院, 2013. 关于发布《中国生物多样红色名录——高等植物卷》的公告 [Z/OL]. https://www. mee. gov. cn/gkml/hbb/bgg/201309/t20130912_260061. htm.

江西省林业厅, 2005. 江西省重点保护野生植物名录[EB/OL].

江西植物志编辑委员会, 1993—2014. 江西植物志[M]（1–3卷）. 北京：中国科学技术出版社.

金志芳, 廖海红, 卓小海, 2021. 九连山自然教育手册[M]. 南昌：江西科学技术出版社.

李德珠, 等, 2020. 中国维管植物科属志[M]. 北京：中国科学技术出版社.

梁跃龙, 金志芳, 廖海红, 等, 2021. 江西九连山种子植物名录[M]. 北京: 中国林业出版社.

廖文波, 等, 2014. 中国井冈山地区生物多样性综合科学考察[M]. 北京: 中国科学出版社.

刘仁林, 谢宜飞, 2021. 江西优良乡土树种识别与应用[M]. 北京: 中国林业出版社.

刘仁林, 朱恒, 2015. 江西木本及珍稀材植物图志[M]. 北京: 中国林业出版社.

刘信中, 肖忠优, 马建华, 2002. 江西九连山自然保护区科学考察与森林生态系统研究[M]. 北京: 中国林业出版社.

刘哲农, 2017. 内蒙古珍稀濒危植物资源及其优先保护研究 [D]. 呼和浩特：内蒙古农业大学.

刘忠成, 赵万义, 刘佳, 等, 2020. 罗霄山脉珍稀濒危重点保护野生植物的生存状况及保护策略[J]. 生物多样性, 28 (7): 867–875.

彭焱松, 唐忠炳, 谢宜飞, 2021. 江西维管植物多样性编目[M]. 北京: 中国林业出版社.

覃海宁, 杨永, 董仕勇, 等, 2017. 中国高等植物受威胁物种名录[J]. 生物多样性, 25(7): 696–744.

万加武, 等, 2019. 江西庐山国家级自然保护区珍稀濒危植物优先保护定量研究[J]. 热带亚热带植物学报, 27(2): 171–180.

杨柏云, 金志芳, 梁跃龙, 2021. 中国九连山兰科植物研究[M]. 北京: 中国林业出版社.

张贵良, 蔡杰, 姜超强, 2017. 云南大围山珍稀濒危植物[M]. 北京: 中国林业出版社.

中国科学院中国植物志编辑委员会, 1958—2004. 中国植物志（1–80卷）[M]. 北京：科学出版社.

Baillie J, Hilton C, Stuart S N, 2004. IUCN red list of threatened species: a global species assessment[M]. Gland, Switzerland: IUCN—The World Conservation Union: 191.

附 录

附表 1 江西九连山珍稀保护植物名录

序号	科名	属名	种名	是否中国特有
1	白发藓科 Leucobryaceae	白发藓属 *Leucobryum*	桧叶白发藓 *Leucobryum juniperoideum* (Brid.) C. Muell.	否
2	石松科 Lycopodiaceae	石杉属 *Huperzia*	长柄石杉 *Huperzia javanica* (Sw.) Fraser–Jenk.	是
3	石松科 Lycopodiaceae	马尾杉属 *Phlegmariurus*	闽浙马尾杉 *Phlegmariurus mingcheensis* (Ching) L. B. Zhang	是
4	石松科 Lycopodiaceae	马尾杉属 *Phlegmariurus*	华南马尾杉 *Phlegmariurus austrosinicus* (Ching) L. B. Zhang	否
5	合囊蕨科 Marattiaceae	观音座莲属 *Angiopteris*	福建莲座蕨 *Angiopteris fokiensis* Hieron.	否
6	金毛狗科 Cibotiaceae	金毛狗属 *Cibotium*	金毛狗蕨 *Cibotium barometz* (L.) J. Sm.	否
7	乌毛蕨科 Blechnaceae	苏铁蕨属 *Brainea*	苏铁蕨 *Brainea insignis* (Hook.) J. Sm.	否
8	红豆杉科 Taxaceae	红豆杉属 *Taxus*	南方红豆杉 *Taxus wallichiana* var. *mairei* (Lemee & H. Léveillé) L. K. Fu & Nan Li	否
9	罗汉松科 Podocarpaceae	福建柏属 *Fokienia*	福建柏 *Fokienia hodginsii* (Dunn) A. Henry et Thomas	否
10	松科 Pinaceae	油杉属 *Keteleeria*	江南油杉 *Keteleeria fortunei* var. *cyclolepis* (Flous) Silba	否
11	樟科 Lauraceae	樟属 *Cinnamomum*	天竺桂 *Cinnamomum japonicum* Sieb.	否
12	樟科 Lauraceae	楠属 *Phoebe*	闽楠 *Phoebe bournei* (Hemsl.) Yang	是
13	藜芦科 Melanthiaceae	重楼属 *Paris*	华重楼 *Paris polyphylla* var. *chinensis* (Franch.) Hara	否
14	兰科 Orchidaceae	金线兰属 *Anoectochilus*	金线兰 *Anoectochilus roxburghii* (Wall.) Lindl.	否
15	兰科 Orchidaceae	金线兰属 *Anoectochilus*	浙江金线兰 *Anoectochilus zhejiangensis* Z. Wei et Y. B. Chang	是
16	兰科 Orchidaceae	杜鹃兰属 *Cremastra*	杜鹃兰 *Cremastra appendiculata* (D. Don) Makino	否
17	兰科 Orchidaceae	兰属 *Cymbidium*	建兰 *Cymbidium ensifolium* (L.) Sw.	否
18	兰科 Orchidaceae	兰属 *Cymbidium*	多花兰 *Cymbidium floribundum* Lindl.	否
19	兰科 Orchidaceae	兰属 *Cymbidium*	春兰 *Cymbidium goeringii* (Rchb. f.) Rchb. F.	否
20	兰科 Orchidaceae	兰属 *Cymbidium*	寒兰 *Cymbidium kanran* Makino	否
21	兰科 Orchidaceae	石斛属 *Dendrobium*	钩状石斛 *Dendrobium aduncum* Wall ex Lindl.	否
22	兰科 Orchidaceae	石斛属 *Dendrobium*	密花石斛 *Dendrobium densiflorum* Lindl. ex Wall.	否
23	兰科 Orchidaceae	石斛属 *Dendrobium*	重唇石斛 *Dendrobium hercoglossum* Rchb. F.	否
24	兰科 Orchidaceae	石斛属 *Dendrobium*	美花石斛 *Dendrobium loddigesii* Rolfe	否
25	兰科 Orchidaceae	石斛属 *Dendrobium*	罗河石斛 *Dendrobium lohohense* Tang et Wang	是

（续）

序号	科名	属名	种名	是否中国特有
26	兰科 Orchidaceae	石斛属 *Dendrobium*	细茎石斛 *Dendrobium moniliforme* (L.) Sw.	否
27	兰科 Orchidaceae	石斛属 *Dendrobium*	广东石斛 *Dendrobium kwangtungense* C. L. Tso	是
28	兰科 Orchidaceae	石斛属 *Dendrobium*	铁皮石斛 *Dendrobium officinale* Kimura et Migo	否
29	兰科 Orchidaceae	石斛属 *Dendrobium*	单葶草石斛 *Dendrobium porphyrochilum* Lindl.	否
30	兰科 Orchidaceae	石斛属 *Dendrobium*	始兴石斛 *Dendrobium shixingense* Z. L. Chen	否
31	兰科 Orchidaceae	独蒜兰属 *Pleione*	台湾独蒜兰 *Pleione formosana* Hayata	是
32	毛茛科 Ranunculaceae	黄连属 *Coptis*	短萼黄连 *Coptis chinensis* var. *brevisepala* W. T. Wang et Hsiao	是
33	豆科 Fabaceae	红豆属 *Ormosia*	花榈木 *Ormosia henryi* Prain	否
34	豆科 Fabaceae	红豆属 *Ormosia*	木荚红豆 *Ormosia xylocarpa* Chun ex L. Chen	是
35	豆科 Fabaceae	红豆属 *Ormosia*	软荚红豆 *Ormosia semicastrata* Hance	是
36	桑科 Moraceae	桑属 *Morus*	长穗桑 *Morus wittiorum* Hand.–Mazz.	是
37	无患子科 Sapindaceae	伞花木属 *Eurycorymbus*	伞花木 *Eurycorymbus cavaleriei* (Lévl.) Rehd. et Hand.–Mazz.	是
38	芸香科 Rutaceae	柑橘属 *Citrus*	金豆 *Citrus japonica* Thunb.	是
39	叠珠树科 Akaniaceae	伯乐树属 *Bretschneidera*	伯乐树 *Bretschneidera sinensis* Hemsl.	否
40	蓼科 Polygonaceae	荞麦属 *Fagopyrum*	金荞麦 *Fagopyrum dibotrys* (D. Don) Hara	否
41	紫萁科 Osmundaceae	羽节紫萁属 *Plenasium*	华南羽节紫萁 *Plenasium vachellii* (Hook.) C. Presl	否
42	买麻藤科 Gnetaceae	买麻藤属 *Gnetum*	小叶买麻藤 *Gnetum parvifolium* (Warb.) C. Y. Cheng ex Chun	否
43	罗汉松科 Podocarpaceae	竹柏属 *Nageia*	竹柏 *Nageia nagi* (Thunberg) Kuntze	否
44	红豆杉科 Taxaceae	三尖杉属 *Cephalotaxus*	三尖杉 *Cephalotaxus fortunei* Hooker	否
45	木兰科 Magnoliaceae	木莲属 *Manglietia*	木莲 *Manglietia fordiana* Oliv.	否
46	木兰科 Magnoliaceae	含笑属 *Michelia*	乐昌含笑 *Michelia chapensis* Dandy	否
47	木兰科 Magnoliaceae	含笑属 *Michelia*	紫花含笑 *Michelia crassipes* Y. W. Law	是
48	木兰科 Magnoliaceae	含笑属 *Michelia*	金叶含笑 *Michelia foveolata* Merr. ex Dandy	否
49	木兰科 Magnoliaceae	含笑属 *Michelia*	深山含笑 *Michelia maudiae* Dunn	是
50	木兰科 Magnoliaceae	含笑属 *Michelia*	观光木 *Michelia odora* (Chun) Nooteboom & B. L. Chen	否
51	樟科 Lauraceae	樟属 *Cinnamomum*	华南桂 *Cinnamomum austrosinense* H. T. Chang	是
52	樟科 Lauraceae	樟属 *Cinnamomum*	沉水樟 *Cinnamomum micranthum* (Hay.) Hay.	否
53	樟科 Lauraceae	樟属 *Cinnamomum*	香桂 *Cinnamomum subavenium* Miq.	否

序号	科名	属名	种名	是否中国特有
54	樟科 Lauraceae	山胡椒属 Lindera	黑壳楠 Lindera megaphylla Hemsl.	是
55	樟科 Lauraceae	润楠属 Machilus	薄叶润楠 Machilus leptophylla Hand.–Mazz.	是
56	樟科 Lauraceae	润楠属 Machilus	红楠 Machilus thunbergii Sieb. et Zucc.	否
57	金粟兰科 Chloranthaceae	草珊瑚属 Sarcandra	草珊瑚 Sarcandra glabra (Thunb.) Nakai	否
58	兰科 Orchidaceae	肉果兰属 Cyrtosia	血红肉果兰 Cyrtosia septentrionalis (Rchb. F.) Garay	否
59	兰科 Orchidaceae	山珊瑚属 Galeola	山珊瑚 Galeola faberi Rolfe	是
60	兰科 Orchidaceae	山珊瑚属 Galeola	毛萼山珊瑚 Galeola lindleyana (Hook. f. et Thoms.) Rchb. F.	否
61	兰科 Orchidaceae	盂兰属 Lecanorchis	全唇盂兰 Lecanorchis nigricans Honda	否
62	兰科 Orchidaceae	玉凤花属 Habenaria	毛莛玉凤花 Habenaria ciliolaris Kranzl.	是
63	兰科 Orchidaceae	玉凤花属 Habenaria	鹅毛玉凤花 Habenaria dentata (Sw.) Schltr	否
64	兰科 Orchidaceae	玉凤花属 Habenaria	线瓣玉凤花 Habenaria fordii Rolfe	是
65	兰科 Orchidaceae	玉凤花属 Habenaria	裂瓣玉凤花 Habenaria petelotii Gagnep.	否
66	兰科 Orchidaceae	玉凤花属 Habenaria	橙黄玉凤花 Habenaria rhodocheila Hance	否
67	兰科 Orchidaceae	玉凤花属 Habenaria	十字兰 Habenaria schindleri Schltr.	否
68	兰科 Orchidaceae	阔蕊兰属 Peristylus	狭穗阔蕊兰 Peristylus densus (Lindl.) Santap. et Kapad.	否
69	兰科 Orchidaceae	舌唇兰属 Platanthera	舌唇兰 Platanthera japonica (Thunb. ex Marray) Lindl.	否
70	兰科 Orchidaceae	舌唇兰属 Platanthera	小舌唇兰 Platanthera minor (Miq.) Rchb. F.	否
71	兰科 Orchidaceae	舌唇兰属 Platanthera	南岭舌唇兰 Platanthera nanlingensis X. H. Jin & W. T. Jin	否
72	兰科 Orchidaceae	舌唇兰属 Platanthera	东亚舌唇兰 Platanthera ussuriensis (Regel et Maack) Maxim.	否
73	兰科 Orchidaceae	小红门兰属 Ponerorchis	无柱兰 Ponerorchis gracilis (Blume) X. H. Jin, Schuit. & W. T. Jin	否
74	兰科 Orchidaceae	葱叶兰属 Microtis	葱叶兰 Microtis unifolia (Forst.) Rchb. F.	否
75	兰科 Orchidaceae	叉柱兰属 Cheirostylis	中华叉柱兰 Cheirostylis chinensis Rolfe	否
76	兰科 Orchidaceae	钳唇兰属 Erythrodes	钳唇兰 Erythrodes blumei (Lindl.) Schltr. blumei (Lindl.) Schltr.	否
77	兰科 Orchidaceae	斑叶兰属 Goodyera	大花斑叶兰 Goodyera biflora (Lindl.) Hook. f.	否
78	兰科 Orchidaceae	斑叶兰属 Goodyera	多叶斑叶兰 Goodyera foliosa (Lindl) Benth. ex Clarke	否
79	兰科 Orchidaceae	斑叶兰属 Goodyera	小斑叶兰 Goodyera repens (L.) R. Br.	否
80	兰科 Orchidaceae	斑叶兰属 Goodyera	绿花斑叶兰 Eucosia viridiflora (Blume) M. C. Pace	否
81	兰科 Orchidaceae	斑叶兰属 Goodyera	小小斑叶兰 Goodyera pusilla Bl.	是

（续）

序号	科名	属名	种名	是否中国特有
82	兰科 Orchidaceae	翻唇兰属 Hetaeria	白肋翻唇兰 Hetaeria cristata Bl.	否
83	兰科 Orchidaceae	绶草属 Spiranthes	香港绶草 Spiranthes hongkongensis S. Y. Hu & Barretto	否
84	兰科 Orchidaceae	绶草属 Spiranthes	绶草 Spiranthes sinensis (Pers.) Ames	否
85	兰科 Orchidaceae	线柱兰属 euxine	黄唇线柱兰 euxine sakagtii Tuyama.	是
86	兰科 Orchidaceae	线柱兰属 euxine	线柱兰 Zeuxine strateumatica (L.) Schltr.	否
87	兰科 Orchidaceae	无叶兰属 Aphyllorchis	无叶兰 Aphyllorchis montana Rchb. F.	否
88	兰科 Orchidaceae	无叶兰属 Aphyllorchis	单唇无叶兰 Aphyllorchis simplex T. Tang et F. T. Wang	是
89	兰科 Orchidaceae	天麻属 Gastrodia	北插天天麻 Gastrodia peichatieniana S. S. Ying	是
90	兰科 Orchidaceae	芋兰属 Nervilia	毛叶芋兰 Nervilia plicata (Andr.) Schltr.	否
91	兰科 Orchidaceae	虎舌兰属 Epipogium	虎舌兰 Epipogium roseum (D. Don) Lindl.	否
92	兰科 Orchidaceae	竹叶兰属 Arundina	竹叶兰 Arundina graminifolia (D. Don) Hochr.	否
93	兰科 Orchidaceae	贝母兰属 Coelogyne	流苏贝母兰 Coelogyne fimbriata Lindl.	否
94	兰科 Orchidaceae	石仙桃属 Pholidota	细叶石仙桃 Pholidota cantonensis Rolfe	是
95	兰科 Orchidaceae	石仙桃属 Pholidota	石仙桃 Pholidota chinensis Lindl.	否
96	兰科 Orchidaceae	羊耳蒜属 Liparis	镰翅羊耳蒜 Liparis bootanensis Griff.	否
97	兰科 Orchidaceae	羊耳蒜属 Liparis	长苞羊耳蒜 Liparis inaperta Finet	是
98	兰科 Orchidaceae	羊耳蒜属 Liparis	见血青 Liparis nervosa (Thunb. ex A. Murray) Lindl.	否
99	兰科 Orchidaceae	羊耳蒜属 Liparis	香花羊耳蒜 Liparis odorata (Willd.) Lindl.	否
100	兰科 Orchidaceae	羊耳蒜属 Liparis	长唇羊耳蒜 Liparis pauliana Hand.–Mazz.	是
101	兰科 Orchidaceae	鸢尾兰属 Oberonia	狭叶鸢尾兰 Oberonia caulescens Lindl.	否
102	兰科 Orchidaceae	石豆兰属 Bulbophyllum	瘤唇卷瓣兰 Bulbophyllum japonicum (Makino) Makino	否
103	兰科 Orchidaceae	石豆兰属 Bulbophyllum	广东石豆兰 Bulbophyllum kwangtungense Schltr.	是
104	兰科 Orchidaceae	石豆兰属 Bulbophyllum	齿瓣石豆兰 Bulbophyllum levinei Schltr.	是
105	兰科 Orchidaceae	石豆兰属 Bulbophyllum	斑唇卷瓣兰 Bulbophyllum pecten–veneris (Gagnepain) Seidenfaden	否
106	兰科 Orchidaceae	石豆兰属 Bulbophyllum	藓叶卷瓣兰 Bulbophyllum retusiusculum Rchb. f.	否
107	兰科 Orchidaceae	石豆兰属 Bulbophyllum	伞花石豆兰 Bulbophyllum shweliense W. W. Sm.	否
108	兰科 Orchidaceae	厚唇兰属 Epigeneium	单叶厚唇兰 Epigeneium fargesii (Finet) Gagnep.	否
109	兰科 Orchidaceae	虾脊兰属 Calanthe	泽泻虾脊兰 Calanthe alismatifolia Lindley	是
110	兰科 Orchidaceae	虾脊兰属 Calanthe	银带虾脊兰 Calanthe argenteostriata C. Z. Tang & S. J. Cheng	是

序号	科名	属名	种名	是否中国特有
111	兰科 Orchidaceae	虾脊兰属 Calanthe	肾唇虾脊兰 Calanthe brevicornu Lindl.	否
112	兰科 Orchidaceae	虾脊兰属 Calanthe	钩距虾脊兰 Calanthe graciliflora Hayata	否
113	兰科 Orchidaceae	虾脊兰属 Calanthe	长距虾脊兰 Calanthe sylvatica (Thou.) Lindl.	否
114	兰科 Orchidaceae	虾脊兰属 Calanthe	黄花鹤顶兰 Calanthe flavus (Bl.) Lindl.	否
115	兰科 Orchidaceae	虾脊兰属 Calanthe	鹤顶兰 Calanthe tancarvilleae (L'Heritier) Blume	否
116	兰科 Orchidaceae	吻兰属 Collabium	台湾吻兰 Collabium formosanum Hayata	否
117	兰科 Orchidaceae	苞舌兰属 Spathoglottis	苞舌兰 Spathoglottis pubescens Lindl.	否
118	兰科 Orchidaceae	带唇兰属 Tainia	带唇兰 Tainia dunnii Rolfe	是
119	兰科 Orchidaceae	兰属 Cymbidium	兔耳兰 Cymbidium lancifolium Hook. f.	是
120	兰科 Orchidaceae	美冠兰属 Eulophia	紫花美冠兰 Eulophia spectabilis (Dennst.) Suresh	否
121	兰科 Orchidaceae	美冠兰属 Eulophia	无叶美冠兰 Eulophia zollingeri (Rchb. F.) J. J. Smith	否
122	兰科 Orchidaceae	异型兰属 Chiloschista	广东异型兰 Chiloschista guangdongensis Z. H. Tsi	是
123	兰科 Orchidaceae	隔距兰属 Cleisostoma	大序隔距兰 Cleisostoma paniculatum (Ker-Gawl.) Garay	否
124	兰科 Orchidaceae	盆距兰属 Gastrochilus	黄松盆距兰 Gastrochilus japonicus (Makino) Schltr.	否
125	蕈树科 Altingiaceae	蕈树属 Altingia	蕈树 Altingia chinensis (Champ.) Oliver ex Hance	否
126	金缕梅科 Hamamelidaceae	马蹄荷属 Exbucklandia	大果马蹄荷 Exbucklandia tonkinensis (Lec.) Steenis	否
127	豆科 Fabaceae	黄檀属 Dalbergia	黄檀 Dalbergia hupeana Hance	否
128	蔷薇科 Rosaceae	苹果属 Malus	台湾林檎 Malus melliana (Hand.-Mazz.) Rehd.	否
129	桑科 Moraceae	波罗蜜属 Artocarpus	白桂木 Artocarpus hypargyreus Hance	是
130	壳斗科 Fagaceae	栲属 Castanopsis	青钩栲 Castanopsis kawakamii Hayata	否
131	壳斗科 Fagaceae	栎属 Quercus	饭甑青冈 Quercus fleuryi Hickel et A. Camus	否
132	桦木科 Betulaceae	桦木属 Betula	亮叶桦 Betula luminifera H. Winkl.	是
133	壳斗科 Fagaceae	柯属 Lithocarpus	木姜叶柯 Lithocarpus litseifolius (Hance) Chun	否
134	杜英科 Elaeocarpaceae	杜英属 Elaeocarpus	中华杜英 Elaeocarpus chinensis (Gardn. et Chanp.) Hook. f. ex Benth.	否
135	杜英科 Elaeocarpaceae	杜英属 Elaeocarpus	杜英 Elaeocarpus decipiens Hemsl.	否
136	杜英科 Elaeocarpaceae	杜英属 Elaeocarpus	褐毛杜英 Elaeocarpus duclouxii Gagnep.	是
137	杜英科 Elaeocarpaceae	杜英属 Elaeocarpus	秃瓣杜英 Elaeocarpus glabripetalus Merr.	是
138	杜英科 Elaeocarpaceae	杜英属 Elaeocarpus	日本杜英 Elaeocarpus japonicus Sieb. et Zucc.	否

（续）

序号	科名	属名	种名	是否中国特有
139	杜英科 Elaeocarpaceae	猴欢喜属 Sloanea	猴欢喜 Sloanea sinensis (Hance) Hemsl.	否
140	古柯科 Erythroxylaceae	古柯属 Erythroxylum	东方古柯 Erythroxylum sinense Y. C. Wu	否
141	杨柳科 Salicaceae	天料木属 Homalium	天料木 Homalium cochinchinense (Lour.) Druce	否
142	藤黄科 Clusiaceae	藤黄属 Garcinia	多花山竹子 Garcinia multiflora Champ. ex Benth.	否
143	叶下珠科 Phyllanthaceae	秋枫属 Bischofia	重阳木 Bischofia polycarpa (Levl.) Airy Shaw	是
144	千屈菜科 Lythraceae	紫薇属 Lagerstroemia	尾叶紫薇 Lagerstroemia caudata Chun et How ex S. Lee et L. Lau	是
145	桃金娘科 Myrtaceae	蒲桃属 Syzygium	赤楠 Syzygium buxifolium Hook. et Arn.	否
146	桃金娘科 Myrtaceae	蒲桃属 Syzygium	轮叶蒲桃 Syzygium grijsii (Hance) Merr. et Perry	是
147	漆树科 Anacardiaceae	黄连木属 Pistacia	黄连木 Pistacia chinensis Bunge	是
148	无患子科 Sapindaceae	槭属 Acer	三角槭 Acer buergerianum Miq.	否
149	无患子科 Sapindaceae	槭属 Acer	樟叶槭 Acer coriaceifolium Lévl.	否
150	无患子科 Sapindaceae	无患子属 Sapindus	无患子 Sapindus saponaria Linnaeus	否
151	锦葵科 Malvaceae	梭罗树属 Reevesia	密花梭罗 Reevesia pycnantha Ling	是
152	青皮木科 Schoepfiaceae	青皮木属 Schoepfia	青皮木 Schoepfia jasminodora Sieb. et Zucc.	否
153	蓝果树科 Nyssaceae	蓝果树属 Nyssa	蓝果树 Nyssa sinensis Oliv.	否
154	五列木科 Pentaphylacaceae	杨桐属 Adinandra	杨桐 Adinandra millettii (Hook. et Arn.) Benth. et Hook. f. ex Hance	否
155	五列木科 Pentaphylacaceae	厚皮香属 Ternstroemia	厚皮香 Ternstroemia gymnanthera (Wight et Arn.) Beddome	否
156	报春花科 Primulaceae	紫金牛属 Ardisia	虎舌红 Ardisia mamillata Hance	否
157	报春花科 Primulaceae	紫金牛属 Ardisia	血党 Ardisia brevicaulis Diels	是
158	山茶科 Theaceae	核果茶属 Pyrenaria	小果石笔木 Pyrenaria microcarpa (Dunn) H. Keng	否
159	安息香科 Styracaceae	银钟花属 Perkinsiodendron	银钟花 Perkinsiodendron macgregorii (Chun) P. W. Fritsch	是
160	木樨科 Oleaceae	木樨属 Osmanthus	桂花 Osmanthus fragrans (Thunb.) Loureiro	是
161	龙胆科 Gentianaceae	龙胆属 Gentiana	条叶龙胆 Gentiana manshurica Kitag.	否
162	冬青科 Aquifoliaceae	冬青属 Ilex	铁冬青 Ilex rotunda Thunb.	否
163	杜鹃花科 Ericaceae	杜鹃花属 Rhododendron	云锦杜鹃 Rhododendron fortunei Lindl.	是
164	伞形科 Apiaceae	前胡属 Peucedanum	白花前胡 Peucedanum praeruptorum Dunn	是
165	凤尾蕨科 Pteridaceae	车前蕨属 Antrophyum	车前蕨 Antrophyum henryi Hieron.	否
166	五味子科 Schisandraceae	南五味子属 Kadsura	黑老虎 Kadsura coccinea (Lem.) A. C. Smith	否
167	樟科 Lauraceae	润楠属 Machilus	龙眼润楠 Machilus oculodracontis Chun	是
168	泽泻科 Alismataceae	慈姑属（Sagittaria	利川慈姑 Sagittaria lichuanensis J. K. Chen	是

序号	科名	属名	种名	是否中国特有
169	霉草科 Triuridaceae	霉草属 *Sciaphila*	多枝霉草 *Sciaphila ramosa* Fukuyma et Suzuki	否
170	金缕梅科 Hamamelidaceae	蚊母树属 *Distylium*	闽粤蚊母树 *Distylium chungii* (Metc.) Cheng	是
171	蕈树科 Altingiaceae	半枫荷属 *Semiliquidambar*	半枫荷 *Semiliquidambar cathayensis* Chang	是
172	堇菜科 Violaceae	堇菜属 *Viola*	小尖堇菜 *Viola mucronulifera* Hand.–Mazz.	是
173	楝科 Meliaceae	香椿属 *Toona*	红花香椿 *Toona fargesii* A. Chevalier	否
174	五加科 Araliaceae	萸叶五加属 *Gamblea*	吴茱萸五加 *Gamblea ciliata* var. *evodiifolia* (Franchet) C. B. Shang et al.	否
175	苦苣苔科 Gesneriaceae	后蕊苣苔属 *Opithandra*	龙南后蕊苣苔 *Opithandra burttii* W. T. Wang	是
176	凤仙花科 Balsaminaceae	凤仙花属 *Impatiens*	湖南凤仙花 *Impatiens hunanensis* Y. L. Chen	否

附表 2　江西九连山分布的国家重点保护野生植物名录

序号	科名	属名	种名	保护级别
1	白发藓科 Leucobryaceae	白发藓属 *Leucobryum*	桧叶白发藓 *Leucobryum juniperoideum* (Brid.) C. Muell.	二级
2	石松科 Lycopodiaceae	石杉属 *Huperzia*	长柄石杉 *Huperzia javanica* (Sw.) Fraser–Jenk.	二级
3	石松科 Lycopodiaceae	马尾杉属 *Phlegmariurus*	闽浙马尾杉 *Phlegmariurus mingcheensis* (Ching) L. B. Zhang	二级
4	石松科 Lycopodiaceae	马尾杉属 *Phlegmariurus*	华南马尾杉 *Phlegmariurus austrosinicus* (Ching) L. B. Zhang	二级
5	合囊蕨科 Marattiaceae	观音座莲属 *Angiopteris*	福建莲座蕨 *Angiopteris fokiensis* Hieron.	二级
6	金毛狗科 Cibotiaceae	金毛狗属 *Cibotium*	金毛狗蕨 *Cibotium barometz* (L.) J. Sm.	二级
7	乌毛蕨科 Blechnaceae	苏铁蕨属 *Brainea*	苏铁蕨 *Brainea insignis* (Hook.) J. Sm.	二级
8	红豆杉科 Taxaceae	红豆杉属 *Taxus*	南方红豆杉 *Taxus wallichiana* var. *mairei* (Lemee & H. L é veill é) L. K. Fu & Nan Li	一级
9	罗汉松科 Podocarpaceae	福建柏属 *Fokienia*	福建柏 *Fokienia hodginsii* (Dunn) A. Henry et Thomas	二级
10	松科 Pinaceae	油杉属 *Keteleeria*	江南油杉 *Keteleeria fortunei* var. *cyclolepis* (Flous) Silba	二级
11	樟科 Lauraceae	樟属 *Cinnamomum*	天竺桂 *Cinnamomum japonicum* Sieb.	二级
12	樟科 Lauraceae	楠属 *Phoebe*	闽楠 *Phoebe bournei* (Hemsl.) Yang	二级
13	藜芦科 Melanthiaceae	重楼属 *Paris*	华重楼 *Paris polyphylla* var. *chinensis* (Franch.) Hara	二级
14	兰科 Orchidaceae	金线兰属 *Anoectochilus*	金线兰 *Anoectochilus roxburghii* (Wall.) Lindl.	二级
15	兰科 Orchidaceae	金线兰属 *Anoectochilus*	浙江金线兰 *Anoectochilus zhejiangensis* Z. Wei et Y. B. Chang	二级
16	兰科 Orchidaceae	杜鹃兰属 *Cremastra*	杜鹃兰 *Cremastra appendiculata* (D. Don) Makino	二级
17	兰科 Orchidaceae	兰属 *Cymbidium*	建兰 *Cymbidium ensifolium* (L.) Sw.	二级
18	兰科 Orchidaceae	兰属 *Cymbidium*	多花兰 *Cymbidium floribundum* Lindl.	二级
19	兰科 Orchidaceae	兰属 *Cymbidium*	春兰 *Cymbidium goeringii* (Rchb. f.) Rchb. F.	二级
20	兰科 Orchidaceae	兰属 *Cymbidium*	寒兰 *Cymbidium kanran* Makino	二级
21	兰科 Orchidaceae	石斛属 *Dendrobium*	钩状石斛 *Dendrobium aduncum* Wall ex Lindl.	二级
22	兰科 Orchidaceae	石斛属 *Dendrobium*	密花石斛 *Dendrobium densiflorum* Lindl. ex Wall.	二级
23	兰科 Orchidaceae	石斛属 *Dendrobium*	重唇石斛 *Dendrobium hercoglossum* Rchb. F.	二级
24	兰科 Orchidaceae	石斛属 *Dendrobium*	美花石斛 *Dendrobium loddigesii* Rolfe	二级
25	兰科 Orchidaceae	石斛属 *Dendrobium*	罗河石斛 *Dendrobium lohohense* Tang et Wang	二级
26	兰科 Orchidaceae	石斛属 *Dendrobium*	细茎石斛 *Dendrobium moniliforme* (L.) Sw.	二级
27	兰科 Orchidaceae	石斛属 *Dendrobium*	广东石斛 *Dendrobium kwangtungense* C. L. Tso	二级

序号	科名	属名	种名	保护级别
28	兰科 Orchidaceae	石斛属 *Dendrobium*	铁皮石斛 *Dendrobium officinale* Kimura et Migo	二级
29	兰科 Orchidaceae	石斛属 *Dendrobium*	单葶草石斛 *Dendrobium porphyrochilum* Lindl.	二级
30	兰科 Orchidaceae	石斛属 *Dendrobium*	始兴石斛 *Dendrobium shixingense* Z. L. Chen	二级
31	兰科 Orchidaceae	独蒜兰属 *Pleione*	台湾独蒜兰 *Pleione formosana* Hayata	二级
32	毛茛科 Ranunculaceae	黄连属 *Coptis*	短萼黄连 *Coptis chinensis* var. *brevisepala* W. T. Wang et Hsiao	二级
33	豆科 Fabaceae	红豆属 *Ormosia*	花榈木 *Ormosia henryi* Prain	二级
34	豆科 Fabaceae	红豆属 *Ormosia*	木荚红豆 *Ormosia xylocarpa* Chun ex L. Chen	二级
35	豆科 Fabaceae	红豆属 *Ormosia*	软荚红豆 *Ormosia semicastrata* Hance	二级
36	桑科 Moraceae	桑属 *Morus*	长穗桑 *Morus wittiorum* Hand.–Mazz.	二级
37	无患子科 Sapindaceae	伞花木属 *Eurycorymbus*	伞花木 *Eurycorymbus cavaleriei* (Lévl.) Rehd. et Hand.–Mazz.	二级
38	芸香科 Rutaceae	柑橘属 *Citrus*	金豆 *Citrus japonica* Thunb.	二级
39	叠珠树科 Akaniaceae	伯乐树属 *Bretschneidera*	伯乐树 *Bretschneidera sinensis* Hemsl.	二级
40	蓼科 Polygonaceae	荞麦属 *Fagopyrum*	金荞麦 *Fagopyrum dibotrys* (D. Don) Hara	二级

江西九连山珍稀保护植物图谱

附表 3　江西九连山分布的江西省级保护野生植物名录

序号	科名	属名	种名	保护级别
1	紫萁科 Osmundaceae	羽节紫萁属 *Plenasium*	华南羽节紫萁 *Plenasium vachellii* (Hook.) C. Presl	1
2	买麻藤科 Gnetaceae	买麻藤属 *Gnetum*	小叶买麻藤 *Gnetum parvifolium* (Warb.) C. Y. Cheng ex Chun	3
3	罗汉松科 Podocarpaceae	竹柏属 *Nageia*	竹柏 *Nageia nagi* (Thunberg) Kuntze	3
4	红豆杉科 Taxaceae	三尖杉属 *Cephalotaxus*	三尖杉 *Cephalotaxus fortunei* Hooker	3
5	木兰科 Magnoliaceae	木莲属 *Manglietia*	木莲 *Manglietia fordiana* Oliv.	3
6	木兰科 Magnoliaceae	含笑属 *Michelia*	乐昌含笑 *Michelia chapensis* Dandy	2
7	木兰科 Magnoliaceae	含笑属 *Michelia*	紫花含笑 *Michelia crassipes* Y. W. Law	3
8	木兰科 Magnoliaceae	含笑属 *Michelia*	金叶含笑 *Michelia foveolata* Merr. ex Dandy	3
9	木兰科 Magnoliaceae	含笑属 *Michelia*	深山含笑 *Michelia maudiae* Dunn	3
10	木兰科 Magnoliaceae	含笑属 *Michelia*	观光木 *Michelia odora* (Chun) Nooteboom & B. L. Chen	2
11	樟科 Lauraceae	樟属 *Cinnamomum*	华南桂 *Cinnamomum austrosinense* H. T. Chang	3
12	樟科 Lauraceae	樟属 *Cinnamomum*	沉水樟 *Cinnamomum micranthum* (Hay.) Hay.	2
13	樟科 Lauraceae	樟属 *Cinnamomum*	香桂 *Cinnamomum subavenium* Miq.	3
14	樟科 Lauraceae	山胡椒属 *Lindera*	黑壳楠 *Lindera megaphylla* Hemsl.	3
15	樟科 Lauraceae	润楠属 *Machilus*	薄叶润楠 *Machilus leptophylla* Hand.–Mazz.	3
16	樟科 Lauraceae	润楠属 *Machilus*	红楠 *Machilus thunbergii* Sieb. et Zucc.	3
17	金粟兰科 Chloranthaceae	草珊瑚属 *Sarcandra*	草珊瑚 *Sarcandra glabra* (Thunb.) Nakai	3
18	兰科 Orchidaceae	肉果兰属 *Cyrtosia*	血红肉果兰 *Cyrtosia septentrionalis* (Rchb. F.) Garay	1
19	兰科 Orchidaceae	山珊瑚属 *Galeola*	山珊瑚 *Galeola faberi* Rolfe	1
20	兰科 Orchidaceae	山珊瑚属 *Galeola*	毛萼山珊瑚 *Galeola lindleyana* (Hook. f. et Thoms.) Rchb. F.	1
21	兰科 Orchidaceae	盂兰属 *Lecanorchis*	全唇盂兰 *Lecanorchis nigricans* Honda	1
22	兰科 Orchidaceae	玉凤花属 *Habenaria*	毛莛玉凤花 *Habenaria ciliolaris* Kranzl.	1
23	兰科 Orchidaceae	玉凤花属 *Habenaria*	鹅毛玉凤花 *Habenaria dentata* (Sw.) Schltr	1
24	兰科 Orchidaceae	玉凤花属 *Habenaria*	线瓣玉凤花 *Habenaria fordii* Rolfe	1
25	兰科 Orchidaceae	玉凤花属 *Habenaria*	裂瓣玉凤花 *Habenaria petelotii* Gagnep.	1
26	兰科 Orchidaceae	玉凤花属 *Habenaria*	橙黄玉凤花 *Habenaria rhodocheila* Hance	1
27	兰科 Orchidaceae	玉凤花属 *Habenaria*	十字兰 *Habenaria schindleri* Schltr.	1
28	兰科 Orchidaceae	阔蕊兰属 *Peristylus*	狭穗阔蕊兰 *Peristylus densus* (Lindl.) Santap. et Kapad.	1
29	兰科 Orchidaceae	舌唇兰属 *Platanthera*	舌唇兰 *Platanthera japonica* (Thunb. ex Marray) Lindl.	1

序号	科名	属名	种名	保护级别
30	兰科 Orchidaceae	舌唇兰属 *Platanthera*	小舌唇兰 *Platanthera minor* (Miq.) Rchb. F.	1
31	兰科 Orchidaceae	舌唇兰属 *Platanthera*	南岭舌唇兰 *Platanthera nanlingensis* X. H. Jin & W. T. Jin	1
32	兰科 Orchidaceae	舌唇兰属 *Platanthera*	东亚舌唇兰 *Platanthera ussuriensis* (Regel et Maack) Maxim.	1
33	兰科 Orchidaceae	小红门兰属 *Ponerorchis*	无柱兰 *Ponerorchis gracilis* (Blume) X. H. Jin, Schuit. & W. T. Jin	1
34	兰科 Orchidaceae	葱叶兰属 *Microtis*	葱叶兰 *Microtis unifolia* (Forst.) Rchb. F.	1
35	兰科 Orchidaceae	叉柱兰属 *Cheirostylis*	中华叉柱兰 *Cheirostylis chinensis* Rolfe	1
36	兰科 Orchidaceae	钳唇兰属 *Erythrodes*	钳唇兰 *Erythrodes blumei* (Lindl.) Schltr. blumei (Lindl.) Schltr.	1
37	兰科 Orchidaceae	斑叶兰属 *Goodyera*	大花斑叶兰 *Goodyera biflora* (Lindl.) Hook. f.	1
38	兰科 Orchidaceae	斑叶兰属 *Goodyera*	多叶斑叶兰 *Goodyera foliosa* (Lindl) Benth. ex Clarke	1
39	兰科 Orchidaceae	斑叶兰属 *Goodyera*	小斑叶兰 *Goodyera repens* (L.) R. Br.	1
40	兰科 Orchidaceae	斑叶兰属 *Goodyera*	绿花斑叶兰 *Eucosia viridiflora* (Blume) M. C. Pace	1
41	兰科 Orchidaceae	斑叶兰属 *Goodyera*	小小斑叶兰 *Goodyera pusilla* Bl.	1
42	兰科 Orchidaceae	翻唇兰属 *Hetaeria*	白肋翻唇兰 *Hetaeria cristata* Bl.	1
43	兰科 Orchidaceae	绶草属 *Spiranthes*	香港绶草 *Spiranthes hongkongensis* S. Y. Hu & Barretto	1
44	兰科 Orchidaceae	绶草属 *Spiranthes*	绶草 *Spiranthes sinensis* (Pers.) Ames	1
45	兰科 Orchidaceae	线柱兰属 *euxine*	黄唇线柱兰 *euxine sakagtii* Tuyama.	1
46	兰科 Orchidaceae	线柱兰属 *euxine*	线柱兰 *Zeuxine strateumatica* (L.) Schltr.	1
47	兰科 Orchidaceae	无叶兰属 *Aphyllorchis*	无叶兰 *Aphyllorchis montana* Rchb. F.	1
48	兰科 Orchidaceae	无叶兰属 *Aphyllorchis*	单唇无叶兰 *Aphyllorchis simplex* T. Tang et F. T. Wang	1
49	兰科 Orchidaceae	天麻属 *Gastrodia*	北插天天麻 *Gastrodia peichatieniana* S. S. Ying	1
50	兰科 Orchidaceae	芋兰属 *Nervilia*	毛叶芋兰 *Nervilia plicata* (Andr.) Schltr.	1
51	兰科 Orchidaceae	虎舌兰属 *Epipogium*	虎舌兰 *Epipogium roseum* (D. Don) Lindl.	1
52	兰科 Orchidaceae	竹叶兰属 *Arundina*	竹叶兰 *Arundina graminifolia* (D. Don) Hochr.	1
53	兰科 Orchidaceae	贝母兰属 *Coelogyne*	流苏贝母兰 *Coelogyne fimbriata* Lindl.	1
54	兰科 Orchidaceae	石仙桃属 *Pholidota*	细叶石仙桃 *Pholidota cantonensis* Rolfe	1
55	兰科 Orchidaceae	石仙桃属 *Pholidota*	石仙桃 *Pholidota chinensis* Lindl.	1
56	兰科 Orchidaceae	羊耳蒜属 *Liparis*	镰翅羊耳蒜 *Liparis bootanensis* Griff.	1
57	兰科 Orchidaceae	羊耳蒜属 *Liparis*	长苞羊耳蒜 *Liparis inaperta* Finet	1
58	兰科 Orchidaceae	羊耳蒜属 *Liparis*	见血青 *Liparis nervosa* (Thunb. ex A. Murray) Lindl.	1

江西九连山珍稀保护植物图谱

（续）

序号	科名	属名	种名	保护级别
59	兰科 Orchidaceae	羊耳蒜属 Liparis	香花羊耳蒜 Liparis odorata (Willd.) Lindl.	1
60	兰科 Orchidaceae	羊耳蒜属 Liparis	长唇羊耳蒜 Liparis pauliana Hand.–Mazz.	1
61	兰科 Orchidaceae	鸢尾兰属 Oberonia	狭叶鸢尾兰 Oberonia caulescens Lindl.	1
62	兰科 Orchidaceae	石豆兰属 Bulbophyllum	瘤唇卷瓣兰 Bulbophyllum japonicum (Makino) Makino	1
63	兰科 Orchidaceae	石豆兰属 Bulbophyllum	广东石豆兰 Bulbophyllum kwangtungense Schltr.	1
64	兰科 Orchidaceae	石豆兰属 Bulbophyllum	齿瓣石豆兰 Bulbophyllum levinei Schltr.	1
65	兰科 Orchidaceae	石豆兰属 Bulbophyllum	斑唇卷瓣兰 Bulbophyllum pecten–veneris (Gagnepain) Seidenfaden	1
66	兰科 Orchidaceae	石豆兰属 Bulbophyllum	藓叶卷瓣兰 Bulbophyllum retusiusculum Rchb. f.	1
67	兰科 Orchidaceae	石豆兰属 Bulbophyllum	伞花石豆兰 Bulbophyllum shweliense W. W. Sm.	1
68	兰科 Orchidaceae	厚唇兰属 Epigeneium	单叶厚唇兰 Epigeneium fargesii (Finet) Gagnep.	1
69	兰科 Orchidaceae	虾脊兰属 Calanthe	泽泻虾脊兰 Calanthe alismatifolia Lindley	1
70	兰科 Orchidaceae	虾脊兰属 Calanthe	银带虾脊兰 Calanthe argenteostriata C. Z. Tang & S. J. Cheng	1
71	兰科 Orchidaceae	虾脊兰属 Calanthe	肾唇虾脊兰 Calanthe brevicornu Lindl.	1
72	兰科 Orchidaceae	虾脊兰属 Calanthe	黄花鹤顶兰 Phaius flavus (Bl.) Lindl.	1
73	兰科 Orchidaceae	虾脊兰属 Calanthe	钩距虾脊兰 Calanthe graciliflora Hayata	1
74	兰科 Orchidaceae	虾脊兰属 Calanthe	长距虾脊兰 Calanthe sylvatica (Thou.) Lindl.	1
75	兰科 Orchidaceae	虾脊兰属 Calanthe	鹤顶兰 Phaius tancarvilleae (L'Heritier) Blume	1
76	兰科 Orchidaceae	吻兰属 Collabium	台湾吻兰 Collabium formosanum Hayata	1
77	兰科 Orchidaceae	苞舌兰属 Spathoglottis	苞舌兰 Spathoglottis pubescens Lindl.	1
78	兰科 Orchidaceae	带唇兰属 Tainia	带唇兰 Tainia dunnii Rolfe	1
79	兰科 Orchidaceae	兰属 Cymbidium	兔耳兰 Cymbidium lancifolium Hook. f.	1
80	兰科 Orchidaceae	美冠兰属 Eulophia	紫花美冠兰 Eulophia spectabilis (Dennst.) Suresh	1
81	兰科 Orchidaceae	美冠兰属 Eulophia	无叶美冠兰 Eulophia zollingeri (Rchb. F.) J. J. Smith	1
82	兰科 Orchidaceae	异型兰属 Chiloschista	广东异型兰 Chiloschista guangdongensis Z. H. Tsi	1
83	兰科 Orchidaceae	隔距兰属 Cleisostoma	大序隔距兰 Cleisostoma paniculatum (Ker–Gawl.) Garay	1
84	兰科 Orchidaceae	盆距兰属 Gastrochilus	黄松盆距兰 Gastrochilus japonicus (Makino) Schltr.	1
85	蕈树科 Altingiaceae	蕈树属 Altingia	蕈树 Altingia chinensis (Champ.) Oliver ex Hance	3

序号	科名	属名	种名	保护级别
86	金缕梅科 Hamamelidaceae	马蹄荷属 *Exbucklandia*	大果马蹄荷 *Exbucklandia tonkinensis* (Lec.) Steenis	3
87	豆科 Fabaceae	黄檀属 *Dalbergia*	黄檀 *Dalbergia hupeana* Hance	3
88	蔷薇科 Rosaceae	苹果属 *Malus*	台湾林檎 *Malus melliana* (Hand.–Mazz.) Rehd.	3
89	桑科 Moraceae	波罗蜜属 *Artocarpus*	白桂木 *Artocarpus hypargyreus* Hance	3
90	壳斗科 Fagaceae	栲属 *Castanopsis*	青钩栲 *Castanopsis kawakamii* Hayata	2
91	壳斗科 Fagaceae	栎属 *Quercus*	饭甑青冈 *Quercus fleuryi* Hickel et A. Camus	3
92	桦木科 Betulaceae	桦木属 *Betula*	亮叶桦 *Betula luminifera* H. Winkl.	3
93	壳斗科 Fagaceae	柯属 *Lithocarpus*	木姜叶柯 *Lithocarpus litseifolius* (Hance) Chun	3
94	杜英科 Elaeocarpaceae	杜英属 *Elaeocarpus*	中华杜英 *Elaeocarpus chinensis* (Gardn. et Champ.) Hook. f. ex Benth.	2
95	杜英科 Elaeocarpaceae	杜英属 *Elaeocarpus*	杜英 *Elaeocarpus decipiens* Hemsl.	2
96	杜英科 Elaeocarpaceae	杜英属 *Elaeocarpus*	褐毛杜英 *Elaeocarpus duclouxii* Gagnep.	2
97	杜英科 Elaeocarpaceae	杜英属 *Elaeocarpus*	秃瓣杜英 *Elaeocarpus glabripetalus* Merr.	2
98	杜英科 Elaeocarpaceae	杜英属 *Elaeocarpus*	日本杜英 *Elaeocarpus japonicus* Sieb. et Zucc.	2
99	杜英科 Elaeocarpaceae	猴欢喜属 *Sloanea*	猴欢喜 *Sloanea sinensis* (Hance) Hemsl.	3
100	古柯科 Erythroxylaceae	古柯属 *Erythroxylum*	东方古柯 *Erythroxylum sinense* Y. C. Wu	3
101	杨柳科 Salicaceae	天料木属 *Homalium*	天料木 *Homalium cochinchinense* (Lour.) Druce	3
102	藤黄科 Clusiaceae	藤黄属 *Garcinia*	多花山竹子 *Garcinia multiflora* Champ. ex Benth.	3
103	叶下珠科 Phyllanthaceae	秋枫属 *Bischofia*	重阳木 *Bischofia polycarpa* (Levl.) Airy Shaw	3
104	千屈菜科 Lythraceae	紫薇属 *Lagerstroemia*	尾叶紫薇 *Lagerstroemia caudata* Chun et How ex S. Lee et L. Lau	3
105	桃金娘科 Myrtaceae	蒲桃属 *Syzygium*	赤楠 *Syzygium buxifolium* Hook. et Arn.	3
106	桃金娘科 Myrtaceae	蒲桃属 *Syzygium*	轮叶蒲桃 *Syzygium grijsii* (Hance) Merr. et Perry	3
107	漆树科 Anacardiaceae	黄连木属 *Pistacia*	黄连木 *Pistacia chinensis* Bunge	3
108	无患子科 Sapindaceae	槭属 *Acer*	三角槭 *Acer buergerianum* Miq.	3
109	无患子科 Sapindaceae	槭属 *Acer*	樟叶槭 *Acer coriaceifolium* Lévl.	3
110	无患子科 Sapindaceae	无患子属 *Sapindus*	无患子 *Sapindus saponaria* Linnaeus	3
111	锦葵科 Malvaceae	梭罗树属 *Reevesia*	密花梭罗 *Reevesia pycnantha* Ling	3
112	青皮木科 Schoepfiaceae	青皮木属 *Schoepfia*	青皮木 *Schoepfia jasminodora* Sieb. et Zucc.	3
113	蓝果树科 Nyssaceae	蓝果树属 *Nyssa*	蓝果树 *Nyssa sinensis* Oliv.	3

（续）

序号	科名	属名	种名	保护级别
114	五列木科 Pentaphylacaceae	杨桐属 *Adinandra*	杨桐 *Adinandra millettii* (Hook. et Arn.) Benth. et Hook. f. ex Hance	3
115	五列木科 Pentaphylacaceae	厚皮香属 *Ternstroemia*	厚皮香 *Ternstroemia gymnanthera* (Wight et Arn.) Beddome	3
116	报春花科 Primulaceae	紫金牛属 *Ardisia*	虎舌红 *Ardisia mamillata* Hance	1
117	报春花科 Primulaceae	紫金牛属 *Ardisia*	血党 *Ardisia brevicaulis* Diels	2
118	山茶科 Theaceae	核果茶属 *Pyrenaria*	小果石笔木 *Pyrenaria microcarpa* (Dunn) H. Keng	3
119	安息香科 Styracaceae	银钟花属 *Perkinsiodendron*	银钟花 *Perkinsiodendron macgregorii* (Chun) P. W. Fritsch	2
120	木樨科 Oleaceae	木樨属 *Osmanthus*	桂花 *Osmanthus fragrans* (Thunb.) Loureiro	2
121	龙胆科 Gentianaceae	龙胆属 *Gentiana*	条叶龙胆 *Gentiana manshurica* Kitag.	3
122	冬青科 Aquifoliaceae	冬青属 *Ilex*	铁冬青 *Ilex rotunda* Thunb.	3
123	杜鹃花科 Ericaceae	杜鹃属 *Rhododendron*	云锦杜鹃 *Rhododendron fortunei* Lindl.	3
124	伞形科 Apiaceae	前胡属 *Peucedanum*	白花前胡 *Peucedanum praeruptorum* Dunn	3

附表 4　江西九连山分布的濒危野生动植物种国际贸易公约（CITES）附录植物名绿

序号	科名	属名	种名	所属附录
1	红豆杉科 Taxaceae	红豆杉属 *Taxus*	南方红豆杉 *Taxus wallichiana* var. *mairei* (Lemee & H. Léveillé) L. K. Fu & Nan Li	II
2	兰科 Orchidaceae	金线兰属 *Anoectochilus*	金线兰 *Anoectochilus roxburghii* (Wall.) Lindl.	II
3	兰科 Orchidaceae	金线兰属 *Anoectochilus*	浙江金线兰 *Anoectochilus zhejiangensis* Z. Wei et Y. B. Chang	II
4	兰科 Orchidaceae	杜鹃兰属 *Cremastra*	杜鹃兰 *Cremastra appendiculata* (D. Don) Makino	II
5	兰科 Orchidaceae	兰属 *Cymbidium*	建兰 *Cymbidium ensifolium* (L.) Sw.	II
6	兰科 Orchidaceae	兰属 *Cymbidium*	多花兰 *Cymbidium floribundum* Lindl.	II
7	兰科 Orchidaceae	兰属 *Cymbidium*	春兰 *Cymbidium goeringii* (Rchb. f.) Rchb. F.	II
8	兰科 Orchidaceae	兰属 *Cymbidium*	寒兰 *Cymbidium kanran* Makino	II
9	兰科 Orchidaceae	石斛属 *Dendrobium*	钩状石斛 *Dendrobium aduncum* Wall ex Lindl.	II
10	兰科 Orchidaceae	石斛属 *Dendrobium*	密花石斛 *Dendrobium densiflorum* Lindl. ex Wall.	II
11	兰科 Orchidaceae	石斛属 *Dendrobium*	重唇石斛 *Dendrobium hercoglossum* Rchb. F.	II
12	兰科 Orchidaceae	石斛属 *Dendrobium*	美花石斛 *Dendrobium loddigesii* Rolfe	II
13	兰科 Orchidaceae	石斛属 *Dendrobium*	罗河石斛 *Dendrobium lohohense* Tang et Wang	II
14	兰科 Orchidaceae	石斛属 *Dendrobium*	细茎石斛 *Dendrobium moniliforme* (L.) Sw.	II
15	兰科 Orchidaceae	石斛属 *Dendrobium*	广东石斛 *Dendrobium kwangtungense* C. L. Tso	II
16	兰科 Orchidaceae	石斛属 *Dendrobium*	铁皮石斛 *Dendrobium officinale* Kimura et Migo	II
17	兰科 Orchidaceae	石斛属 *Dendrobium*	单葶草石斛 *Dendrobium porphyrochilum* Lindl.	II
18	兰科 Orchidaceae	石斛属 *Dendrobium*	始兴石斛 *Dendrobium shixingense* Z. L. Chen	II
19	兰科 Orchidaceae	独蒜兰属 *Pleione*	台湾独蒜兰 *Pleione formosana* Hayata	II
20	兰科 Orchidaceae	肉果兰属 *Cyrtosia*	血红肉果兰 *Cyrtosia septentrionalis* (Rchb. F.) Garay	II
21	兰科 Orchidaceae	山珊瑚属 *Galeola*	山珊瑚 *Galeola faberi* Rolfe	II
22	兰科 Orchidaceae	山珊瑚属 *Galeola*	毛萼山珊瑚 *Galeola lindleyana* (Hook. f. et Thoms.) Rchb. F.	II
23	兰科 Orchidaceae	盂兰属 *Lecanorchis*	全唇盂兰 *Lecanorchis nigricans* Honda	II
24	兰科 Orchidaceae	玉凤花属 *Habenaria*	毛莛玉凤花 *Habenaria ciliolaris* Kranzl.	II
25	兰科 Orchidaceae	玉凤花属 *Habenaria*	鹅毛玉凤花 *Habenaria dentata* (Sw.) Schltr	II
26	兰科 Orchidaceae	玉凤花属 *Habenaria*	线瓣玉凤花 *Habenaria fordii* Rolfe	II
27	兰科 Orchidaceae	玉凤花属 *Habenaria*	裂瓣玉凤花 *Habenaria petelotii* Gagnep.	II
28	兰科 Orchidaceae	玉凤花属 *Habenaria*	橙黄玉凤花 *Habenaria rhodocheila* Hance	II

（续）

序号	科名	属名	种名	所属附录
29	兰科 Orchidaceae	玉凤花属 Habenaria	十字兰 Habenaria schindleri Schltr.	II
30	兰科 Orchidaceae	阔蕊兰属 Peristylus	狭穗阔蕊兰 Peristylus densus (Lindl.) Santap. et Kapad.	II
31	兰科 Orchidaceae	舌唇兰属 Platanthera	舌唇兰 Platanthera japonica (Thunb. ex Marray) Lindl.	II
32	兰科 Orchidaceae	舌唇兰属 Platanthera	小舌唇兰 Platanthera minor (Miq.) Rchb. F.	II
33	兰科 Orchidaceae	舌唇兰属 Platanthera	南岭舌唇兰 Platanthera nanlingensis X. H. Jin & W. T. Jin	II
34	兰科 Orchidaceae	舌唇兰属 Platanthera	东亚舌唇兰 Platanthera ussuriensis (Regel et Maack) Maxim.	II
35	兰科 Orchidaceae	小红门兰属 Ponerorchis	无柱兰 Ponerorchis gracilis (Blume) X. H. Jin, Schuit. & W. T. Jin	II
36	兰科 Orchidaceae	葱叶兰属 Microtis	葱叶兰 Microtis unifolia (Forst.) Rchb. F.	II
37	兰科 Orchidaceae	叉柱兰属 Cheirostylis	中华叉柱兰 Cheirostylis chinensis Rolfe	II
38	兰科 Orchidaceae	钳唇兰属 Erythrodes	钳唇兰 Erythrodes blumei (Lindl.) Schltr. blumei (Lindl.) Schltr.	II
39	兰科 Orchidaceae	斑叶兰属 Goodyera	大花斑叶兰 Goodyera biflora (Lindl.) Hook. f.	II
40	兰科 Orchidaceae	斑叶兰属 Goodyera	多叶斑叶兰 Goodyera foliosa (Lindl) Benth. ex Clarke	II
41	兰科 Orchidaceae	斑叶兰属 Goodyera	小斑叶兰 Goodyera repens (L.) R. Br.	II
42	兰科 Orchidaceae	斑叶兰属 Goodyera	绿花斑叶兰 Eucosia viridiflora (Blume) M. C. Pace	II
43	兰科 Orchidaceae	斑叶兰属 Goodyera	小小斑叶兰 Goodyera pusilla Bl.	II
44	兰科 Orchidaceae	翻唇兰属 Hetaeria	白肋翻唇兰 Hetaeria cristata Bl.	II
45	兰科 Orchidaceae	绶草属 Spiranthes	香港绶草 Spiranthes hongkongensis S. Y. Hu & Barretto	II
46	兰科 Orchidaceae	绶草属 Spiranthes	绶草 Spiranthes sinensis (Pers.) Ames	II
47	兰科 Orchidaceae	线柱兰属 euxine	黄唇线柱兰 euxine sakagtii Tuyama.	II
48	兰科 Orchidaceae	线柱兰属 euxine	线柱兰 Zeuxine strateumatica (L.) Schltr.	II
49	兰科 Orchidaceae	无叶兰属 Aphyllorchis	无叶兰 Aphyllorchis montana Rchb. F.	II
50	兰科 Orchidaceae	无叶兰属 Aphyllorchis	单唇无叶兰 Aphyllorchis simplex T. Tang et F. T. Wang	II
51	兰科 Orchidaceae	天麻属 Gastrodia	北插天天麻 Gastrodia peichatieniana S. S. Ying	II
52	兰科 Orchidaceae	芋兰属 Nervilia	毛叶芋兰 Nervilia plicata (Andr.) Schltr.	II
53	兰科 Orchidaceae	虎舌兰属 Epipogium	虎舌兰 Epipogium roseum (D. Don) Lindl.	II
54	兰科 Orchidaceae	竹叶兰属 Arundina	竹叶兰 Arundina graminifolia (D. Don) Hochr.	II
55	兰科 Orchidaceae	贝母兰属 Coelogyne	流苏贝母兰 Coelogyne fimbriata Lindl.	II
56	兰科 Orchidaceae	石仙桃属 Pholidota	细叶石仙桃 Pholidota cantonensis Rolfe	II
57	兰科 Orchidaceae	石仙桃属 Pholidota	石仙桃 Pholidota chinensis Lindl.	II

序号	科名	属名	种名	所属附录
58	兰科 Orchidaceae	羊耳蒜属 *Liparis*	镰翅羊耳蒜 *Liparis bootanensis* Griff.	II
59	兰科 Orchidaceae	羊耳蒜属 *Liparis*	长苞羊耳蒜 *Liparis inaperta* Finet	II
60	兰科 Orchidaceae	羊耳蒜属 *Liparis*	见血青 *Liparis nervosa* (Thunb. ex A. Murray) Lindl.	II
61	兰科 Orchidaceae	羊耳蒜属 *Liparis*	香花羊耳蒜 *Liparis odorata* (Willd.) Lindl.	II
62	兰科 Orchidaceae	羊耳蒜属 *Liparis*	长唇羊耳蒜 *Liparis pauliana* Hand.–Mazz.	II
63	兰科 Orchidaceae	鸢尾兰属 *Oberonia*	狭叶鸢尾兰 *Oberonia caulescens* Lindl.	II
64	兰科 Orchidaceae	石豆兰属 *Bulbophyllum*	瘤唇卷瓣兰 *Bulbophyllum japonicum* (Makino) Makino	II
65	兰科 Orchidaceae	石豆兰属 *Bulbophyllum*	广东石豆兰 *Bulbophyllum kwangtungense* Schltr.	II
66	兰科 Orchidaceae	石豆兰属 *Bulbophyllum*	齿瓣石豆兰 *Bulbophyllum levinei* Schltr.	II
67	兰科 Orchidaceae	石豆兰属 *Bulbophyllum*	斑唇卷瓣兰 *Bulbophyllum pecten–veneris* (Gagnepain) Seidenfaden	II
68	兰科 Orchidaceae	石豆兰属 *Bulbophyllum*	藓叶卷瓣兰 *Bulbophyllum retusiusculum* Rchb. f.	II
69	兰科 Orchidaceae	石豆兰属 *Bulbophyllum*	伞花石豆兰 *Bulbophyllum shweliense* W. W. Sm.	II
70	兰科 Orchidaceae	厚唇兰属 *Epigeneium*	单叶厚唇兰 *Epigeneium fargesii* (Finet) Gagnep.	II
71	兰科 Orchidaceae	虾脊兰属 *Calanthe*	泽泻虾脊兰 *Calanthe alismatifolia* Lindley	II
72	兰科 Orchidaceae	虾脊兰属 *Calanthe*	银带虾脊兰 *Calanthe argenteostriata* C. Z. Tang & S. J. Cheng	II
73	兰科 Orchidaceae	虾脊兰属 *Calanthe*	肾唇虾脊兰 *Calanthe brevicornu* Lindl.	II
74	兰科 Orchidaceae	虾脊兰属 *Calanthe*	黄花鹤顶兰 *Phaius flavus* (Bl.) Lindl.	II
75	兰科 Orchidaceae	虾脊兰属 *Calanthe*	钩距虾脊兰 *Calanthe graciliflora* Hayata	II
76	兰科 Orchidaceae	虾脊兰属 *Calanthe*	长距虾脊兰 *Calanthe sylvatica* (Thou.) Lindl.	II
77	兰科 Orchidaceae	虾脊兰属 *Calanthe*	鹤顶兰 *Phaius tancarvilleae* (L'Heritier) Blume	II
78	兰科 Orchidaceae	吻兰属 *Collabium*	台湾吻兰 *Collabium formosanum* Hayata	II
79	兰科 Orchidaceae	苞舌兰属 *Spathoglottis*	苞舌兰 *Spathoglottis pubescens* Lindl.	II
80	兰科 Orchidaceae	带唇兰属 *Tainia*	带唇兰 *Tainia dunnii* Rolfe	II
81	兰科 Orchidaceae	兰属 *Cymbidium*	兔耳兰 *Cymbidium lancifolium* Hook. f.	II
82	兰科 Orchidaceae	美冠兰属 *Eulophia*	紫花美冠兰 *Eulophia spectabilis* (Dennst.) Suresh	II
83	兰科 Orchidaceae	美冠兰属 *Eulophia*	无叶美冠兰 *Eulophia zollingeri* (Rchb. F.) J. J. Smith	II
84	兰科 Orchidaceae	异型兰属 *Chiloschista*	广东异型兰 *Chiloschista guangdongensis* Z. H. Tsi	II
85	兰科 Orchidaceae	隔距兰属 *Cleisostoma*	大序隔距兰 *Cleisostoma paniculatum* (Ker–Gawl.) Garay	II
86	兰科 Orchidaceae	盆距兰属 *Gastrochilus*	黄松盆距兰 *Gastrochilus japonicus* (Makino) Schltr.	II

附表 5　江西九连山分布的濒危物种红色名录濒危级别

序号	科名	属名	种名	濒危级别
1	凤尾蕨科 Pteridaceae	车前蕨属 Antrophyum	车前蕨 Antrophyum henryi Hieron.	VU
2	五味子科 Schisandraceae	南五味子属 Kadsura	黑老虎 Kadsura coccinea (Lem.) A. C. Smith	VU
3	樟科 Lauraceae	润楠属 Machilus	龙眼润楠 Machilus oculodracontis Chun	EN
4	泽泻科 Alismataceae	慈姑属 (Sagittaria	利川慈姑 Sagittaria lichuanensis J. K. Chen	VU
5	霉草科 Triuridaceae	霉草属 Sciaphila	多枝霉草 Sciaphila ramosa Fukuyma et Suzuki	EN
6	金缕梅科 Hamamelidaceae	蚊母树属 Distylium	闽粤蚊母树 Distylium chungii (Metc.) Cheng	VU
7	蕈树科 Altingiaceae	半枫荷属 Semiliquidambar	半枫荷 Semiliquidambar cathayensis Chang	VU
8	堇菜科 Violaceae	堇菜属 Viola	小尖堇菜 Viola mucronulifera Hand.–Mazz.	VU
9	楝科 Meliaceae	香椿属 Toona	红花香椿 Toona fargesii A. Chevalier	VU
10	五加科 Araliaceae	萸叶五加属 Gamblea	吴茱萸五加 Gamblea ciliata var. evodiifolia (Franchet) C. B. Shang et al.	VU

附表6 江西九连山分布的中国高等植物红色名录等级、高等植物受威胁物种等级

序号	科名	属名	种名	IUCN	红色名录等级（2013）	受威胁植物等级（2017）
1	白发藓科 Leucobryaceae	白发藓属 Leucobryum	桧叶白发藓 Leucobryum juniperoideum (Brid.) C. Muell		LC	
2	石松科 Lycopodiaceae	石杉属 Huperzia	长柄石杉 Huperzia javanica (Sw.) Fraser-Jenk.		EN	
3	石松科 Lycopodiaceae	马尾杉属 Phlegmariurus	闽浙马尾杉 Phlegmariurus mingcheensis (Ching) L. B. Zhang		LC	
4	石松科 Lycopodiaceae	马尾杉属 Phlegmariurus	华南马尾杉 Phlegmariurus austrosinicus (Ching) L. B. Zhang	NT	NT	
5	合囊蕨科 Marattiaceae	观音座莲属 Angiopteris	福建莲座蕨 Angiopteris fokiensis Hieron.		LC	
6	金毛狗科 Cibotiaceae	金毛狗属 Cibotium	金毛狗蕨 Cibotium barometz (L.) J. Sm.		LC	
7	乌毛蕨科 Blechnaceae	苏铁蕨属 Brainea	苏铁蕨 Brainea insignis (Hook.) J. Sm.	VU	VU	
8	红豆杉科 Taxaceae	红豆杉属 Taxus	南方红豆杉 Taxus wallichiana var. mairei (Lemee & H. Léveillé) L. K. Fu & Nan Li	VU	VU	VU
9	罗汉松科 Podocarpaceae	福建柏属 Fokienia	福建柏 Fokienia hodginsii (Dunn) A. Henry et Thomas	VU	VU	VU
10	松科 Pinaceae	油杉属 Keteleeria	江南油杉 Keteleeria fortunei var. cyclolepis (Flous) Silba	LC	LC	
11	樟科 Lauraceae	樟属 Cinnamomum	天竺桂 Cinnamomum japonicum Sieb.	LC	VU	VU
12	樟科 Lauraceae	楠属 Phoebe	闽楠 Phoebe bournei (Hemsl.) Yang	NT/EN	VU	VU
13	藜芦科 Melanthiaceae	重楼属 Paris	华重楼 Paris polyphylla var. chinensis (Franch.) Hara	VU	VU	VU
14	兰科 Orchidaceae	金线兰属 Anoectochilus	金线兰 Anoectochilus roxburghii (Wall.) Lindl.	EN	EN	EN
15	兰科 Orchidaceae	金线兰属 Anoectochilus	浙江金线兰 Anoectochilus zhejiangensis Z. Wei et Y. B. Chang	EN	EN	EN
16	兰科 Orchidaceae	杜鹃兰属 Cremastra	杜鹃兰 Cremastra appendiculata (D. Don) Makino		NT	
17	兰科 Orchidaceae	兰属 Cymbidium	建兰 Cymbidium ensifolium (L.) Sw.	VU	VU	VU
18	兰科 Orchidaceae	兰属 Cymbidium	多花兰 Cymbidium floribundum Lindl.	VU	VU	VU
19	兰科 Orchidaceae	兰属 Cymbidium	春兰 Cymbidium goeringii (Rchb. f.) Rchb. F.	VU	VU	VU
20	兰科 Orchidaceae	兰属 Cymbidium	寒兰 Cymbidium kanran Makino	VU	VU	VU
21	兰科 Orchidaceae	石斛属 Dendrobium	钩状石斛 Dendrobium aduncum Wall ex Lindl.	VU	VU	VU
22	兰科 Orchidaceae	石斛属 Dendrobium	密花石斛 Dendrobium densiflorum Lindl. ex Wall.	VU	VU	VU

江西九连山珍稀保护植物图谱

（续）

序号	科名	属名	种名	IUCN	红色名录等级（2013）	受威胁植物等级（2017）
23	兰科 Orchidaceae	石斛属 Dendrobium	重唇石斛 *Dendrobium hercoglossum* Rchb. F.	NT	NT	
24	兰科 Orchidaceae	石斛属 Dendrobium	美花石斛 *Dendrobium loddigesii* Rolfe	VU	VU	VU
25	兰科 Orchidaceae	石斛属 Dendrobium	罗河石斛 *Dendrobium lohohense* Tang et Wang	EN	EN	EN
26	兰科 Orchidaceae	石斛属 Dendrobium	细茎石斛 *Dendrobium moniliforme* (L.) Sw.			
27	兰科 Orchidaceae	石斛属 Dendrobium	广东石斛 *Dendrobium kwangtungense* C. L. Tso		CR	CR
28	兰科 Orchidaceae	石斛属 Dendrobium	铁皮石斛 *Dendrobium officinale* Kimura et Migo	CR/LC		
29	兰科 Orchidaceae	石斛属 Dendrobium	单葶草石斛 *Dendrobium porphyrochilum* Lindl.		EN	EN
30	兰科 Orchidaceae	石斛属 Dendrobium	始兴石斛 *Dendrobium shixingense* Z. L. Chen			
31	兰科 Orchidaceae	独蒜兰属 Pleione	台湾独蒜兰 *Pleione formosana* Hayata	VU	VU	VU
32	毛茛科 Ranunculaceae	黄连属 Coptis	短萼黄连 *Coptis chinensis* var. *brevisepala* W.T.Wang et Hsiao	EN	EN	EN
33	豆科 Fabaceae	红豆属 Ormosia	花榈木 *Ormosia henryi* Prain	LC/VU	VU	VU
34	豆科 Fabaceae	红豆属 Ormosia	木荚红豆 *Ormosia xylocarpa* Chun ex L. Chen	LC	LC	
35	豆科 Fabaceae	红豆属 Ormosia	软荚红豆 *Ormosia semicastrata* Hance	LC	LC	
36	桑科 Moraceae	桑属 Morus	长穗桑 *Morus wittiorum* Hand.-Mazz.	LC	LC	
37	无患子科 Sapindaceae	伞花木属 Eurycorymbus	伞花木 *Eurycorymbus cavaleriei* (Lévl.) Rehd. et Hand.–Mazz.	NT/LC	LC	
38	芸香科 Rutaceae	柑橘属 Citrus	金豆 *Citrus japonica* Thunb.	EN	VU	EN
39	叠珠树科 Akaniaceae	伯乐树属 Bretschneidera	伯乐树 *Bretschneidera sinensis* Hemsl.	EN/NT	NT	
40	蓼科 Polygonaceae	荞麦属 Fagopyrum	金荞麦 *Fagopyrum dibotrys* (D. Don) Hara	LC	LC	
41	紫萁科 Osmundaceae	羽节紫萁属 Plenasium	华南羽节紫萁 *Plenasium vachellii* (Hook.) C. Presl	NT/LC	LC	
42	买麻藤科 Gnetaceae	买麻藤属 Gnetum	小叶买麻藤 *Gnetum parvifolium* (Warb.) C. Y. Cheng ex Chun	LC	LC	
43	罗汉松科 Podocarpaceae	竹柏属 Nageia	竹柏 *Nageia nagi* (Thunberg) Kuntze	NT/LC	EN	EN
44	红豆杉科 Taxaceae	三尖杉属 Cephalotaxus	三尖杉 *Cephalotaxus fortunei* Hooker	LC	LC	

序号	科名	属名	种名	IUCN	红色名录等级（2013）	受威胁植物等级（2017）
45	木兰科 Magnoliaceae	木莲属 Manglietia	木莲 Manglietia fordiana Oliv.	LC	LC	
46	木兰科 Magnoliaceae	含笑属 Michelia	乐昌含笑 Michelia chapensis Dandy	LC/NT	NT	
47	木兰科 Magnoliaceae	含笑属 Michelia	紫花含笑 Michelia crassipes Y. W. Law	EN	EN	
48	木兰科 Magnoliaceae	含笑属 Michelia	金叶含笑 Michelia foveolata Merr. ex Dandy	LC	LC	
49	木兰科 Magnoliaceae	含笑属 Michelia	深山含笑 Michelia maudiae Dunn	LC	LC	
50	木兰科 Magnoliaceae	含笑属 Michelia	观光木 Michelia odora (Chun) Nooteboom & B. L. Chen	VU	VU	VU
51	樟科 Lauraceae	樟属 Cinnamomum	华南桂 Cinnamomum austrosinense H. T. Chang	LC/VU	VU	VU
52	樟科 Lauraceae	樟属 Cinnamomum	沉水樟 Cinnamomum micranthum (Hay.) Hay.	LC	VU	VU
53	樟科 Lauraceae	樟属 Cinnamomum	香桂 Cinnamomum subavenium Miq.	LC	LC	
54	樟科 Lauraceae	山胡椒属 Lindera	黑壳楠 Lindera megaphylla Hemsl.	LC	LC	
55	樟科 Lauraceae	润楠属 Machilus	薄叶润楠 Machilus leptophylla Hand.–Mazz.	LC	LC	
56	樟科 Lauraceae	润楠属 Machilus	红楠 Machilus thunbergii Sieb. et Zucc.	LC	LC	
57	金粟兰科 Chloranthaceae	草珊瑚属 Sarcandra	草珊瑚 Sarcandra glabra (Thunb.) Nakai		LC	
58	兰科 Orchidaceae	肉果兰属 Cyrtosia	血红肉果兰 Cyrtosia septentrionalis (Rchb. F.) Garay	VU	VU	VU
59	兰科 Orchidaceae	山珊瑚属 Galeola	山珊瑚 Galeola faberi Rolfe	LC	LC	
60	兰科 Orchidaceae	山珊瑚属 Galeola	毛萼山珊瑚 Galeola lindleyana (Hook. f. et Thoms.) Rchb. F.	LC	LC	
61	兰科 Orchidaceae	盂兰属 Lecanorchis	全唇盂兰 Lecanorchis nigricans Honda	NT	NT	
62	兰科 Orchidaceae	玉凤花属 Habenaria	毛莛玉凤花 Habenaria ciliolaris Kranzl.	LC	LC	
63	兰科 Orchidaceae	玉凤花属 Habenaria	鹅毛玉凤花 Habenaria dentata (Sw.) Schltr	LC	LC	
64	兰科 Orchidaceae	玉凤花属 Habenaria	线瓣玉凤花 Habenaria fordii Rolfe	LC	LC	
65	兰科 Orchidaceae	玉凤花属 Habenaria	裂瓣玉凤花 Habenaria petelotii Gagnep.	DD	DD	
66	兰科 Orchidaceae	玉凤花属 Habenaria	橙黄玉凤花 Habenaria rhodocheila Hance	LC	LC	
67	兰科 Orchidaceae	玉凤花属 Habenaria	十字兰 Habenaria schindleri Schltr.	VU	VU	
68	兰科 Orchidaceae	阔蕊兰属 Peristylus	狭穗阔蕊兰 Peristylus densus (Lindl.) Santap. et Kapad.	LC	LC	

（续）

序号	科名	属名	种名	IUCN	红色名录等级（2013）	受威胁植物等级（2017）
69	兰科 Orchidaceae	舌唇兰属 Platanthera	舌唇兰 Platanthera japonica (Thunb. ex Marray) Lindl.	LC	LC	
70	兰科 Orchidaceae	舌唇兰属 Platanthera	小舌唇兰 Platanthera minor (Miq.) Rchb. F.	LC	NT	
71	兰科 Orchidaceae	舌唇兰属 Platanthera	南岭舌唇兰 Platanthera nanlingensis X. H. Jin & W. T. Jin			
72	兰科 Orchidaceae	舌唇兰属 Platanthera	东亚舌唇兰 Platanthera ussuriensis (Regel et Maack) Maxim.	NT	NT	
73	兰科 Orchidaceae	小红门兰属 Ponerorchis	无柱兰 Ponerorchis gracilis (Blume) X. H. Jin, Schuit. & W. T. Jin		LC	
74	兰科 Orchidaceae	葱叶兰属 Microtis	葱叶兰 Microtis unifolia (Forst.) Rchb. F.	LC	LC	
75	兰科 Orchidaceae	叉柱兰属 Cheirostylis	中华叉柱兰 Cheirostylis chinensis Rolfe	LC	LC	
76	兰科 Orchidaceae	钳唇兰属 Erythrodes	钳唇兰 Erythrodes blumei (Lindl.) Schltr. blumei (Lindl.) Schltr.	LC	LC	
77	兰科 Orchidaceae	斑叶兰属 Goodyera	大花斑叶兰 Goodyera biflora (Lindl.) Hook. f.	NT	NT	
78	兰科 Orchidaceae	斑叶兰属 Goodyera	多叶斑叶兰 Goodyera foliosa (Lindl) Benth. ex Clarke	LC	LC	
79	兰科 Orchidaceae	斑叶兰属 Goodyera	小斑叶兰 Goodyera repens (L.) R. Br.	LC	LC	
80	兰科 Orchidaceae	斑叶兰属 Goodyera	绿花斑叶兰 Eucosia viridiflora (Blume) M. C. Pace	LC	LC	
81	兰科 Orchidaceae	斑叶兰属 Goodyera	小小斑叶兰 Goodyera pusilla Bl.	LC	VU	VU
82	兰科 Orchidaceae	翻唇兰属 Hetaeria	白肋翻唇兰 Hetaeria cristata Bl.			
83	兰科 Orchidaceae	绶草属 Spiranthes	香港绶草 Spiranthes hongkongensis S. Y. Hu & Barretto			
84	兰科 Orchidaceae	绶草属 Spiranthes	绶草 Spiranthes sinensis (Pers.) Ames	LC	LC	
85	兰科 Orchidaceae	线柱兰属 euxine	黄唇线柱兰 euxine sakagtii Tuyama.			
86	兰科 Orchidaceae	线柱兰属 euxine	线柱兰 Zeuxine strateumatica (L.) Schltr.	LC	LC	
87	兰科 Orchidaceae	无叶兰属 Aphyllorchis	无叶兰 Aphyllorchis montana Rchb. F.	LC	LC	
88	兰科 Orchidaceae	无叶兰属 Aphyllorchis	单唇无叶兰 Aphyllorchis simplex T. Tang et F. T. Wang	CR	CR	CR
89	兰科 Orchidaceae	天麻属 Gastrodia	北插天天麻 Gastrodia peichatieniana S. S. Ying	LC	LC	
90	兰科 Orchidaceae	芋兰属 Nervilia	毛叶芋兰 Nervilia plicata (Andr.) Schltr.		VU	VU
91	兰科 Orchidaceae	虎舌兰属 Epipogium	虎舌兰 Epipogium roseum (D. Don) Lindl.	LC	LC	

序号	科名	属名	种名	IUCN	红色名录等级（2013）	受威胁植物等级（2017）
92	兰科 Orchidaceae	竹叶兰属 Arundina	竹叶兰 Arundina graminifolia (D. Don) Hochr.	LC	LC	
93	兰科 Orchidaceae	贝母兰属 Coelogyne	流苏贝母兰 Coelogyne fimbriata Lindl.		LC	
94	兰科 Orchidaceae	石仙桃属 Pholidota	细叶石仙桃 Pholidota cantonensis Rolfe	LC	LC	
95	兰科 Orchidaceae	石仙桃属 Pholidota	石仙桃 Pholidota chinensis Lindl.	LC	LC	
96	兰科 Orchidaceae	羊耳蒜属 Liparis	镰翅羊耳蒜 Liparis bootanensis Griff.	LC	LC	
97	兰科 Orchidaceae	羊耳蒜属 Liparis	长苞羊耳蒜 Liparis inaperta Finet	CR	CR	CR
98	兰科 Orchidaceae	羊耳蒜属 Liparis	见血青 Liparis nervosa (Thunb. ex A. Murray) Lindl.	LC	LC	
99	兰科 Orchidaceae	羊耳蒜属 Liparis	香花羊耳蒜 Liparis odorata (Willd.) Lindl.	LC	LC	
100	兰科 Orchidaceae	羊耳蒜属 Liparis	长唇羊耳蒜 Liparis pauliana Hand.-Mazz.	LC	LC	
101	兰科 Orchidaceae	鸢尾兰属 Oberonia	狭叶鸢尾兰 Oberonia caulescens Lindl.	NT	NT	
102	兰科 Orchidaceae	石豆兰属 Bulbophyllum	瘤唇卷瓣兰 Bulbophyllum japonicum (Makino) Makino	LC	LC	
103	兰科 Orchidaceae	石豆兰属 Bulbophyllum	广东石豆兰 Bulbophyllum kwangtungense Schltr.	LC	LC	
104	兰科 Orchidaceae	石豆兰属 Bulbophyllum	齿瓣石豆兰 Bulbophyllum levinei Schltr.	LC	LC	
105	兰科 Orchidaceae	石豆兰属 Bulbophyllum	斑唇卷瓣兰 Bulbophyllum pecten-veneris (Gagnepain) Seidenfaden		LC	
106	兰科 Orchidaceae	石豆兰属 Bulbophyllum	藓叶卷瓣兰 Bulbophyllum retusiusculum Rchb. f.		LC	
107	兰科 Orchidaceae	石豆兰属 Bulbophyllum	伞花石豆兰 Bulbophyllum shweliense W. W. Sm.	NT	NT	
108	兰科 Orchidaceae	厚唇兰属 Epigeneium	单叶厚唇兰 Epigeneium fargesii (Finet) Gagnep.	LC	LC	
109	兰科 Orchidaceae	虾脊兰属 Calanthe	泽泻虾脊兰 Calanthe alismatifolia Lindley		LC	
110	兰科 Orchidaceae	虾脊兰属 Calanthe	银带虾脊兰 Calanthe argenteostriata C. Z. Tang & S. J. Cheng		LC	
111	兰科 Orchidaceae	虾脊兰属 Calanthe	肾唇虾脊兰 Calanthe brevicornu Lindl.	LC	LC	
112	兰科 Orchidaceae	虾脊兰属 Calanthe	黄花鹤顶兰 Phaius flavus (Bl.) Lindl.	LC	LC	
113	兰科 Orchidaceae	虾脊兰属 Calanthe	钩距虾脊兰 Calanthe graciliflora Hayata		NT	
114	兰科 Orchidaceae	虾脊兰属 Calanthe	长距虾脊兰 Calanthe sylvatica (Thou.) Lindl.		LC	

（续）

序号	科名	属名	种名	IUCN	红色名录等级（2013）	受威胁植物等级（2017）
115	兰科 Orchidaceae	虾脊兰属 Calanthe	鹤顶兰 Phaius tancarvilleae (L'Heritier) Blume	LC	LC	
116	兰科 Orchidaceae	吻兰属 Collabium	台湾吻兰 Collabium formosanum Hayata	LC	LC	
117	兰科 Orchidaceae	苞舌兰属 Spathoglottis	苞舌兰 Spathoglottis pubescens Lindl.	LC	LC	
118	兰科 Orchidaceae	带唇兰属 Tainia	带唇兰 Tainia dunnii Rolfe	NT	NT	
119	兰科 Orchidaceae	兰属 Cymbidium	兔耳兰 Cymbidium lancifolium Hook. f.	LC	LC	
120	兰科 Orchidaceae	美冠兰属 Eulophia	紫花美冠兰 Eulophia spectabilis (Dennst.) Suresh	LC	LC	
121	兰科 Orchidaceae	美冠兰属 Eulophia	无叶美冠兰 Eulophia zollingeri (Rchb. F.) J. J. Smith	LC	LC	
122	兰科 Orchidaceae	异型兰属 Chiloschista	广东异型兰 Chiloschista guangdongensis Z. H. Tsi	CR	CR	CR
123	兰科 Orchidaceae	隔距兰属 Cleisostoma	大序隔距兰 Cleisostoma paniculatum (Ker–Gawl.) Garay	LC	LC	
124	兰科 Orchidaceae	盆距兰属 Gastrochilus	黄松盆距兰 Gastrochilus japonicus (Makino) Schltr.	VU	VU	VU
125	蕈树科 Altingiaceae	蕈树属 Altingia	蕈树 Altingia chinensis (Champ.) Oliver ex Hance	LC	LC	
126	金缕梅科 Hamamelidaceae	马蹄荷属 Exbucklandia	大果马蹄荷 Exbucklandia tonkinensis (Lec.) Steenis	LC	LC	
127	豆科 Fabaceae	黄檀属 Dalbergia	黄檀 Dalbergia hupeana Hance	LC	NT	
128	蔷薇科 Rosaceae	苹果属 Malus	台湾林檎 Malus melliana (Hand.–Mazz.) Rehd.	LC	LC	
129	桑科 Moraceae	波罗蜜属 Artocarpus	白桂木 Artocarpus hypargyreus Hance	VU/EN	EN	EN
130	壳斗科 Fagaceae	栲属 Castanopsis	青钩栲 Castanopsis kawakamii Hayata	EN/VU	VU	VU
131	壳斗科 Fagaceae	栎属 Quercus	饭甑青冈 Quercus fleuryi Hickel et A. Camus		LC	
132	桦木科 Betulaceae	桦木属 Betula	亮叶桦 Betula luminifera H. Winkl.	LC	LC	
133	壳斗科 Fagaceae	柯属 Lithocarpus	木姜叶柯 Lithocarpus litseifolius (Hance) Chun	LC	LC	
134	杜英科 Elaeocarpaceae	杜英属 Elaeocarpus	中华杜英 Elaeocarpus chinensis (Gardn. et Chanp.) Hook. f. ex Benth	LC	LC	
135	杜英科 Elaeocarpaceae	杜英属 Elaeocarpus	杜英 Elaeocarpus decipiens Hemsl.		LC	
136	杜英科 Elaeocarpaceae	杜英属 Elaeocarpus	褐毛杜英 Elaeocarpus duclouxii Gagnep.		LC	
137	杜英科 Elaeocarpaceae	杜英属 Elaeocarpus	秃瓣杜英 Elaeocarpus glabripetalus Merr.		LC	

序号	科名	属名	种名	IUCN	红色名录等级（2013）	受威胁植物等级（2017）
138	杜英科 Elaeocarpaceae	杜英属 Elaeocarpus	日本杜英 Elaeocarpus japonicus Sieb. et Zucc.	LC	LC	
139	杜英科 Elaeocarpaceae	猴欢喜属 Sloanea	猴欢喜 Sloanea sinensis (Hance) Hemsl.	LC	LC	
140	古柯科 Erythroxlaceae	古柯属 Erythroxylum	东方古柯 Erythroxylum sinense Y. C. Wu	LC	LC	
141	杨柳科 Salicaceae	天料木属 Homalium	天料木 Homalium cochinchinense (Lour.) Druce			
142	藤黄科 Clusiaceae	藤黄属 Garcinia	多花山竹子 Garcinia multiflora Champ. ex Benth.	LC	LC	
143	叶下珠科 Phyllanthaceae	秋枫属 Bischofia	重阳木 Bischofia polycarpa (Levl.) Airy Shaw	LC	LC	
144	千屈菜科 Lythraceae	紫薇属 Lagerstroemia	尾叶紫薇 Lagerstroemia caudata Chun et How ex S. Lee et L. Lau	NT	NT	
145	桃金娘科 Myrtaceae	蒲桃属 Syzygium	赤楠 Syzygium buxifolium Hook. et Arn.	LC	LC	
146	桃金娘科 Myrtaceae	蒲桃属 Syzygium	轮叶蒲桃 Syzygium grijsii (Hance) Merr. et Perry	LC	LC	
147	漆树科 Anacardiaceae	黄连木属 Pistacia	黄连木 Pistacia chinensis Bunge	LC	LC	
148	无患子科 Sapindaceae	槭属 Acer	三角槭 Acer buergerianum Miq.	LC	LC	
149	无患子科 Sapindaceae	槭属 Acer	樟叶槭 Acer coriaceifolium Lévl.	LC	LC	
150	无患子科 Sapindaceae	无患子属 Sapindus	无患子 Sapindus saponaria Linnaeus	LC	LC	
151	锦葵科 Malvaceae	梭罗树属 Reevesia	密花梭罗 Reevesia pycnantha Ling	VU	VU	VU
152	青皮木科 Schoepfiaceae	青皮木属 Schoepfia	青皮木 Schoepfia jasminodora Sieb. et Zucc.	LC	LC	
153	蓝果树科 Nyssaceae	蓝果树属 Nyssa	蓝果树 Nyssa sinensis Oliv.		LC	
154	五列木科 Pentaphylacaceae	杨桐属 Adinandra	杨桐 Adinandra millettii (Hook. et Arn.) Benth. et Hook. f. ex Hance		LC	
155	五列木科 Pentaphylacaceae	厚皮香属 Ternstroemia	厚皮香 Ternstroemia gymnanthera (Wight et Arn.) Beddome		LC	
156	报春花科 Primulaceae	紫金牛属 Ardisia	虎舌红 Ardisia mamillata Hance			
157	报春花科 Primulaceae	紫金牛属 Ardisia	血党 Ardisia brevicaulis Diels	LC	LC	
158	山茶科 Theaceae	核果茶属 Pyrenaria	小果石笔木 Pyrenaria microcarpa (Dunn) H. Keng	LC		
159	安息香科 Styracaceae	银钟花属 Perkinsiodendron	银钟花 Perkinsiodendron macgregorii (Chun) P. W. Fritsch	VU/LC	NT	
160	木樨科 Oleaceae	木樨属 Osmanthus	桂花 Osmanthus fragrans (Thunb.) Loureiro	LC	LC	
161	龙胆科 Gentianaceae	龙胆属 Gentiana	条叶龙胆 Gentiana manshurica Kitag.		EN	EN

（续）

序号	科名	属名	种名	IUCN	红色名录等级（2013）	受威胁植物等级（2017）
162	冬青科 Aquifoliaceae	冬青属 *Ilex*	铁冬青 *Ilex rotunda* Thunb.	LC	LC	
163	杜鹃花科 Ericaceae	杜鹃花属 *Rhododendron*	云锦杜鹃 *Rhododendron fortunei* Lindl.	LC	LC	
164	伞形科 Apiaceae	前胡属 *Peucedanum*	白花前胡 *Peucedanum praeruptorum* Dunn	LC	LC	
165	凤尾蕨科 Pteridaceae	车前蕨属 *Antrophyum*	车前蕨 *Antrophyum henryi* Hieron.	VU	VU	VU
166	五味子科 Schisandraceae	南五味子属 *Kadsura*	黑老虎 *Kadsura coccinea* (Lem.) A. C. Smith	VU	VU	VU
167	樟科 Lauraceae	润楠属 *Machilus*	龙眼润楠 *Machilus oculodracontis* Chun	EN	EN	EN
168	泽泻科 Alismataceae	慈姑属（*Sagittaria*	利川慈姑 *Sagittaria lichuanensis* J. K. Chen	EN/VU	VU	VU
169	霉草科 Triuridaceae	霉草属 *Sciaphila*	多枝霉草 *Sciaphila ramosa* Fukuyma et Suzuki	EN	EN	EN
170	金缕梅科 Hamamelidaceae	蚊母树属 *Distylium*	闽粤蚊母树 *Distylium chungii* (Metc.) Cheng	VU	VU	VU
171	蕈树科 Altingiaceae	半枫荷属 *Semiliquidambar*	半枫荷 *Semiliquidambar cathayensis* Chang	LC/VU	VU	VU
172	堇菜科 Violaceae	堇菜属 *Viola*	小尖堇菜 *Viola mucronulifera* Hand.–Mazz.	VU	VU	VU
173	楝科 Meliaceae	香椿属 *Toona*	红花香椿 *Toona fargesii* A. Chevalier	VU	VU	VU
174	五加科 Araliaceae	黄叶五加属 *Gamblea*	吴茱萸五加 *Gamblea ciliata* var. *evodiifolia* (Franchet) C. B. Shang et al.	VU	VU	VU
175	苦苣苔科 Gesneriaceae	后蕊苣苔属 *Opithandra*	龙南后蕊苣苔 *Opithandra burttii* W. T. Wang		NT	
176	凤仙花科 Balsaminaceae	凤仙花属 *Impatiens*	湖南凤仙花 *Impatiens hunanensis* Y. L. Chen			

附表 7　江西九连山模式标本植物名录

序号	种名	采集时间	采集人	采集地点	标本号
1	龙南后蕊苣苔 *Opithandra burttii* W. T. Wang	1923年	刘心启	龙南程龙林屋乌枝山	6244
2	湖南凤仙花 *Impatiens hunanensis* Y. L. Chen	1958年	庐山植物园	龙南九连山横坑水	1177

附表 8　江西九连山优先保护珍稀保护植物名录（Ⅰ级）

序号	科名	属名	种名	优先保护等级
1	乌毛蕨科 Blechnaceae	苏铁蕨属 *Brainea*	苏铁蕨 *Brainea insignis* (Hook.) J. Sm.	Ⅰ级
2	罗汉松科 Podocarpaceae	福建柏属 *Fokienia*	福建柏 *Fokienia hodginsii* (Dunn) A. Henry et Thomas	Ⅰ级
3	松科 Pinaceae	油杉属 *Keteleeria*	江南油杉 *Keteleeria fortunei* var. *cyclolepis* (Flous) Silba	Ⅰ级
4	兰科 Orchidaceae	金线兰属 *Anoectochilus*	浙江金线兰 *Anoectochilus zhejiangensis* Z. Wei et Y. B. Chang	Ⅰ级
5	兰科 Orchidaceae	石斛属 *Dendrobium*	钩状石斛 *Dendrobium aduncum* Wall ex Lindl.	Ⅰ级
6	兰科 Orchidaceae	石斛属 *Dendrobium*	密花石斛 *Dendrobium densiflorum* Lindl. ex Wall.	Ⅰ级
7	兰科 Orchidaceae	石斛属 *Dendrobium*	美花石斛 *Dendrobium loddigesii* Rolfe	Ⅰ级
8	兰科 Orchidaceae	石斛属 *Dendrobium*	罗河石斛 *Dendrobium lohohense* Tang et Wang	Ⅰ级
9	兰科 Orchidaceae	石斛属 *Dendrobium*	广东石斛 *Dendrobium kwangtungense* C. L. Tso	Ⅰ级
10	兰科 Orchidaceae	石斛属 *Dendrobium*	铁皮石斛 *Dendrobium officinale* Kimura et Migo	Ⅰ级
11	兰科 Orchidaceae	石斛属 *Dendrobium*	单葶草石斛 *Dendrobium porphyrochilum* Lindl.	Ⅰ级
12	毛茛科 Ranunculaceae	黄连属 *Coptis*	短萼黄连 *Coptis chinensis* var. *brevisepala* W. T. Wang et Hsiao	Ⅰ级
13	兰科 Orchidaceae	无叶兰属 *Aphyllorchis*	单唇无叶兰 *Aphyllorchis simplex* T. Tang et F. T. Wang	Ⅰ级
14	兰科 Orchidaceae	羊耳蒜属 *Liparis*	长苞羊耳蒜 *Liparis inaperta* Finet	Ⅰ级
15	兰科 Orchidaceae	异型兰属 *Chiloschista*	广东异型兰 *Chiloschista guangdongensis* Z. H. Tsi	Ⅰ级
16	兰科 Orchidaceae	盆距兰属 *Gastrochilus*	黄松盆距兰 *Gastrochilus japonicus* (Makino) Schltr.	Ⅰ级

附表 9 江西九连山优先保护珍稀保护植物名录（Ⅱ级）

序号	科名	属名	种名	优先保护等级
1	白发藓科 Leucobryaceae	白发藓属 *Leucobryum*	桧叶白发藓 *Leucobryum juniperoideum* (Brid.) C. Muell.	Ⅱ级
2	石松科 Lycopodiaceae	石杉属 *Huperzia*	长柄石杉 *Huperzia javanica* (Sw.) Fraser–Jenk.	Ⅱ级
3	石松科 Lycopodiaceae	马尾杉属 *Phlegmariurus*	闽浙马尾杉 *Phlegmariurus mingcheensis* (Ching) L. B. Zhang	Ⅱ级
4	石松科 Lycopodiaceae	马尾杉属 *Phlegmariurus*	华南马尾杉 *Phlegmariurus austrosinicus* (Ching) L. B. Zhang	Ⅱ级
5	红豆杉科 Taxaceae	红豆杉属 *Taxus*	南方红豆杉 *Taxus wallichiana* var. *mairei* (Lemee & H. Léveillé) L. K. Fu & Nan Li	Ⅱ级
6	樟科 Lauraceae	樟属 *Cinnamomum*	天竺桂 *Cinnamomum japonicum* Sieb.	Ⅱ级
7	樟科 Lauraceae	楠属 *Phoebe*	闽楠 *Phoebe bournei* (Hemsl.) Yang	Ⅱ级
8	藜芦科 Melanthiaceae	重楼属 *Paris*	华重楼 *Paris polyphylla* var. *chinensis* (Franch.) Hara	Ⅱ级
9	兰科 Orchidaceae	金线兰属 *Anoectochilus*	金线兰 *Anoectochilus roxburghii* (Wall.) Lindl.	Ⅱ级
10	兰科 Orchidaceae	杜鹃兰属 *Cremastra*	杜鹃兰 *Cremastra appendiculata* (D. Don) Makino	Ⅱ级
11	兰科 Orchidaceae	兰属 *Cymbidium*	建兰 *Cymbidium ensifolium* (L.) Sw.	Ⅱ级
12	兰科 Orchidaceae	兰属 *Cymbidium*	多花兰 *Cymbidium floribundum* Lindl.	Ⅱ级
13	兰科 Orchidaceae	兰属 *Cymbidium*	春兰 *Cymbidium goeringii* (Rchb. f.) Rchb. F.	Ⅱ级
14	兰科 Orchidaceae	兰属 *Cymbidium*	寒兰 *Cymbidium kanran* Makino	Ⅱ级
15	兰科 Orchidaceae	石斛属 *Dendrobium*	重唇石斛 *Dendrobium hercoglossum* Rchb. F.	Ⅱ级
16	兰科 Orchidaceae	石斛属 *Dendrobium*	细茎石斛 *Dendrobium moniliforme* (L.) Sw.	Ⅱ级
17	兰科 Orchidaceae	石斛属 *Dendrobium*	始兴石斛 *Dendrobium shixingense* Z. L. Chen	Ⅱ级
18	兰科 Orchidaceae	独蒜兰属 *Pleione*	台湾独蒜兰 *Pleione formosana* Hayata	Ⅱ级
19	豆科 Fabaceae	红豆属 *Ormosia*	花榈木 *Ormosia henryi* Prain	Ⅱ级
20	豆科 Fabaceae	红豆属 *Ormosia*	木荚红豆 *Ormosia xylocarpa* Chun ex L. Chen	Ⅱ级
21	豆科 Fabaceae	红豆属 *Ormosia*	软荚红豆 *Ormosia semicastrata* Hance	Ⅱ级
22	桑科 Moraceae	桑属 *Morus*	长穗桑 *Morus wittiorum* Hand.–Mazz.	Ⅱ级
23	无患子科 Sapindaceae	伞花木属 *Eurycorymbus*	伞花木 *Eurycorymbus cavaleriei* (Lévl.) Rehd. et Hand.–Mazz.	Ⅱ级
24	芸香科 Rutaceae	柑橘属 *Citrus*	金豆 *Citrus japonica* Thunb.	Ⅱ级
25	叠珠树科 Akaniaceae	伯乐树属 *Bretschneidera*	伯乐树 *Bretschneidera sinensis* Hemsl.	Ⅱ级
26	木兰科 Magnoliaceae	含笑属 *Michelia*	紫花含笑 *Michelia crassipes* Y. W. Law	Ⅱ级
27	木兰科 Magnoliaceae	含笑属 *Michelia*	观光木 *Michelia odora* (Chun) Nooteboom & B. L. Chen	Ⅱ级

（续）

序号	科名	属名	种名	优先保护等级
28	樟科 Lauraceae	樟属 Cinnamomum	华南桂 Cinnamomum austrosinense H. T. Chang	II级
29	樟科 Lauraceae	樟属 Cinnamomum	沉水樟 Cinnamomum micranthum (Hay.) Hay.	II级
30	兰科 Orchidaceae	肉果兰属 Cyrtosia	血红肉果兰 Cyrtosia septentrionalis (Rchb. F.) Garay	II级
31	兰科 Orchidaceae	山珊瑚属 Galeola	山珊瑚 Galeola faberi Rolfe	II级
32	兰科 Orchidaceae	山珊瑚属 Galeola	毛萼山珊瑚 Galeola lindleyana (Hook. f. et Thoms.) Rchb. F.	II级
33	兰科 Orchidaceae	盂兰属 Lecanorchis	全唇盂兰 Lecanorchis nigricans Honda	II级
34	兰科 Orchidaceae	玉凤花属 Habenaria	毛莛玉凤花 Habenaria ciliolaris Kranzl.	II级
35	兰科 Orchidaceae	玉凤花属 Habenaria	鹅毛玉凤花 Habenaria dentata (Sw.) Schltr	II级
36	兰科 Orchidaceae	玉凤花属 Habenaria	线瓣玉凤花 Habenaria fordii Rolfe	II级
37	兰科 Orchidaceae	玉凤花属 Habenaria	裂瓣玉凤花 Habenaria petelotii Gagnep.	II级
38	兰科 Orchidaceae	玉凤花属 Habenaria	十字兰 Habenaria schindleri Schltr.	II级
39	兰科 Orchidaceae	阔蕊兰属 Peristylus	狭穗阔蕊兰 Peristylus densus (Lindl.) Santap. et Kapad.	II级
40	兰科 Orchidaceae	舌唇兰属 Platanthera	舌唇兰 Platanthera japonica (Thunb. ex Marray) Lindl.	II级
41	兰科 Orchidaceae	舌唇兰属 Platanthera	小舌唇兰 Platanthera minor (Miq.) Rchb. F.	II级
42	兰科 Orchidaceae	舌唇兰属 Platanthera	南岭舌唇兰 Platanthera nanlingensis X. H. Jin & W. T. Jin	II级
43	兰科 Orchidaceae	舌唇兰属 Platanthera	东亚舌唇兰 Platanthera ussuriensis (Regel et Maack) Maxim.	II级
44	兰科 Orchidaceae	葱叶兰属 Microtis	葱叶兰 Microtis unifolia (Forst.) Rchb. F.	II级
45	兰科 Orchidaceae	钳唇兰属 Erythrodes	钳唇兰 Erythrodes blumei (Lindl.) Schltr. blumei (Lindl.) Schltr.	II级
46	兰科 Orchidaceae	斑叶兰属 Goodyera	大花斑叶兰 Goodyera biflora (Lindl.) Hook. f.	II级
47	兰科 Orchidaceae	斑叶兰属 Goodyera	小斑叶兰 Goodyera repens (L.) R. Br.	II级
48	兰科 Orchidaceae	斑叶兰属 Goodyera	小小斑叶兰 Goodyera pusilla Bl.	II级
49	兰科 Orchidaceae	绶草属 Spiranthes	香港绶草 Spiranthes hongkongensis S. Y. Hu & Barretto	II级
50	兰科 Orchidaceae	线柱兰属 euxine	黄唇线柱兰 euxine sakagtii Tuyama.	II级
51	兰科 Orchidaceae	线柱兰属 euxine	线柱兰 Zeuxine strateumatica (L.) Schltr.	II级
52	兰科 Orchidaceae	无叶兰属 Aphyllorchis	无叶兰 Aphyllorchis montana Rchb. F.	II级
53	兰科 Orchidaceae	天麻属 Gastrodia	北插天天麻 Gastrodia peichatieniana S. S. Ying	II级
54	兰科 Orchidaceae	芋兰属 Nervilia	毛叶芋兰 Nervilia plicata (Andr.) Schltr.	II级
55	兰科 Orchidaceae	虎舌兰属 Epipogium	虎舌兰 Epipogium roseum (D. Don) Lindl.	II级

序号	科名	属名	种名	优先保护等级
56	兰科 Orchidaceae	竹叶兰属 *Arundina*	竹叶兰 *Arundina graminifolia* (D. Don) Hochr.	Ⅱ级
57	兰科 Orchidaceae	石仙桃属 *Pholidota*	细叶石仙桃 *Pholidota cantonensis* Rolfe	Ⅱ级
58	兰科 Orchidaceae	石仙桃属 *Pholidota*	石仙桃 *Pholidota chinensis* Lindl.	Ⅱ级
59	兰科 Orchidaceae	羊耳蒜属 *Liparis*	长唇羊耳蒜 *Liparis pauliana* Hand.–Mazz.	Ⅱ级
60	兰科 Orchidaceae	鸢尾兰属 *Oberonia*	狭叶鸢尾兰 *Oberonia caulescens* Lindl.	Ⅱ级
61	兰科 Orchidaceae	石豆兰属 *Bulbophyllum*	瘤唇卷瓣兰 *Bulbophyllum japonicum* (Makino) Makino	Ⅱ级
62	兰科 Orchidaceae	石豆兰属 *Bulbophyllum*	齿瓣石豆兰 *Bulbophyllum levinei* Schltr.	Ⅱ级
63	兰科 Orchidaceae	石豆兰属 *Bulbophyllum*	斑唇卷瓣兰 *Bulbophyllum pecten–veneris* (Gagnepain) Seidenfaden	Ⅱ级
64	兰科 Orchidaceae	石豆兰属 *Bulbophyllum*	藓叶卷瓣兰 *Bulbophyllum retusiusculum* Rchb. f.	Ⅱ级
65	兰科 Orchidaceae	石豆兰属 *Bulbophyllum*	伞花石豆兰 *Bulbophyllum shweliense* W. W. Sm.	Ⅱ级
66	兰科 Orchidaceae	虾脊兰属 *Calanthe*	泽泻虾脊兰 *Calanthe alismatifolia* Lindley	Ⅱ级
67	兰科 Orchidaceae	虾脊兰属 *Calanthe*	银带虾脊兰 *Calanthe argenteostriata* C. Z. Tang & S. J. Cheng	Ⅱ级
68	兰科 Orchidaceae	虾脊兰属 *Calanthe*	肾唇虾脊兰 *Calanthe brevicornu* Lindl.	Ⅱ级
69	兰科 Orchidaceae	虾脊兰属 *Calanthe*	长距虾脊兰 *Calanthe sylvatica* (Thou.) Lindl.	Ⅱ级
70	兰科 Orchidaceae	虾脊兰属 *Calanthe*	鹤顶兰 *Calanthe tancarvilleae* (L'Heritier) Blume	Ⅱ级
71	兰科 Orchidaceae	兰属 *Cymbidium*	兔耳兰 *Cymbidium lancifolium* Hook. f.	Ⅱ级
72	兰科 Orchidaceae	美冠兰属 *Eulophia*	紫花美冠兰 *Eulophia spectabilis* (Dennst.) Suresh	Ⅱ级
73	兰科 Orchidaceae	美冠兰属 *Eulophia*	无叶美冠兰 *Eulophia zollingeri* (Rchb. F.) J. J. Smith	Ⅱ级
74	蕈树科 Altingiaceae	蕈树属 *Altingia*	蕈树 *Altingia chinensis* (Champ.) Oliver ex Hance	Ⅱ级
75	桑科 Moraceae	波罗蜜属 *Artocarpus*	白桂木 *Artocarpus hypargyreus* Hance	Ⅱ级
76	壳斗科 Fagaceae	栲属 *Castanopsis*	青钩栲 *Castanopsis kawakamii* Hayata	Ⅱ级
77	壳斗科 Fagaceae	栎属 *Quercus*	饭甑青冈 *Quercus fleuryi* Hickel et A. Camus	Ⅱ级
78	千屈菜科 Lythraceae	紫薇属 *Lagerstroemia*	尾叶紫薇 *Lagerstroemia caudata* Chun et How ex S. Lee et L. Lau	Ⅱ级
79	漆树科 Anacardiaceae	黄连木属 *Pistacia*	黄连木 *Pistacia chinensis* Bunge	Ⅱ级
80	锦葵科 Malvaceae	梭罗树属 *Reevesia*	密花梭罗 *Reevesia pycnantha* Ling	Ⅱ级
81	报春花科 Primulaceae	紫金牛属 *Ardisia*	虎舌红 *Ardisia mamillata* Hance	Ⅱ级
82	安息香科 Styracaceae	银钟花属 *Perkinsiodendron*	银钟花 *Perkinsiodendron macgregorii* (Chun) P. W. Fritsch	Ⅱ级

（续）

序号	科名	属名	种名	优先保护等级
83	凤尾蕨科 Pteridaceae	车前蕨属 *Antrophyum*	车前蕨 *Antrophyum henryi* Hieron.	Ⅱ级
84	樟科 Lauraceae	润楠属 *Machilus*	龙眼润楠 *Machilus oculodracontis* Chun	Ⅱ级
85	泽泻科 Alismataceae	慈姑属（*Sagittaria*	利川慈姑 *Sagittaria lichuanensis* J. K. Chen	Ⅱ级
86	霉草科 Triuridaceae	霉草属 *Sciaphila*	多枝霉草 *Sciaphila ramosa* Fukuyma et Suzuki	Ⅱ级
87	金缕梅科 Hamamelidaceae	蚊母树属 *Distylium*	闽粤蚊母树 *Distylium chungii* (Metc.) Cheng	Ⅱ级
88	蕈树科 Altingiaceae	半枫荷属 *Semiliquidambar*	半枫荷 *Semiliquidambar* cathayensis Chang	Ⅱ级
89	五加科 Araliaceae	萸叶五加属 *Gamblea*	吴茱萸五加 *Gamblea ciliata* var. *evodiifolia* (Franchet) C. B. Shang et al.	Ⅱ级
90	苦苣苔科 Gesneriaceae	后蕊苣苔属 *Opithandra*	龙南后蕊苣苔 *Opithandra burttii* W. T. Wang	Ⅱ级

附表 10　江西九连山优先保护珍稀保护植物名录（Ⅲ级）

序号	科名	属名	种名	优先保护等级
1	合囊蕨科 Marattiaceae	观音座莲属 Angiopteris	福建莲座蕨 Angiopteris fokiensis Hieron.	Ⅲ级
2	金毛狗科 Cibotiaceae	金毛狗属 Cibotium	金毛狗蕨 Cibotium barometz (L.) J. Sm.	Ⅲ级
3	蓼科 Polygonaceae	荞麦属 Fagopyrum	金荞麦 Fagopyrum dibotrys (D. Don) Hara	Ⅲ级
4	紫萁科 Osmundaceae	羽节紫萁 Plenasium	华南羽节紫萁 Plenasium vachellii (Hook.) C. Presl	Ⅲ级
5	买麻藤科 Gnetaceae	买麻藤属 Gnetum	小叶买麻藤 Gnetum parvifolium (Warb.) C. Y. Cheng ex Chun	Ⅲ级
6	罗汉松科 Podocarpaceae	竹柏属 Nageia	竹柏 Nageia nagi (Thunberg) Kuntze	Ⅲ级
7	红豆杉科 Taxaceae	三尖杉属 Cephalotaxus	三尖杉 Cephalotaxus fortunei Hooker	Ⅲ级
8	木兰科 Magnoliaceae	木莲属 Manglietia	木莲 Manglietia fordiana Oliv.	Ⅲ级
9	木兰科 Magnoliaceae	含笑属 Michelia	乐昌含笑 Michelia chapensis Dandy	Ⅲ级
10	木兰科 Magnoliaceae	含笑属 Michelia	金叶含笑 Michelia foveolata Merr. ex Dandy	Ⅲ级
11	木兰科 Magnoliaceae	含笑属 Michelia	深山含笑 Michelia maudiae Dunn	Ⅲ级
12	樟科 Lauraceae	樟属 Cinnamomum	香桂 Cinnamomum subavenium Miq.	Ⅲ级
13	樟科 Lauraceae	山胡椒属 Lindera	黑壳楠 Lindera megaphylla Hemsl.	Ⅲ级
14	樟科 Lauraceae	润楠属 Machilus	薄叶润楠 Machilus leptophylla Hand.-Mazz.	Ⅲ级
15	樟科 Lauraceae	润楠属 Machilus	红楠 Machilus thunbergii Sieb. et Zucc.	Ⅲ级
16	金粟兰科 Chloranthaceae	草珊瑚属 Sarcandra	草珊瑚 Sarcandra glabra (Thunb.) Nakai	Ⅲ级
17	兰科 Orchidaceae	玉凤花属 Habenaria	橙黄玉凤花 Habenaria rhodocheila Hance	Ⅲ级
18	兰科 Orchidaceae	小红门兰属 Ponerorchis	无柱兰 Ponerorchis gracilis (Blume) X. H. Jin, Schuit. & W. T. Jin	Ⅲ级
19	兰科 Orchidaceae	叉柱兰属 Cheirostylis	中华叉柱兰 Cheirostylis chinensis Rolfe	Ⅲ级
20	兰科 Orchidaceae	斑叶兰属 Goodyera	多叶斑叶兰 Goodyera foliosa (Lindl) Benth. ex Clarke	Ⅲ级
21	兰科 Orchidaceae	斑叶兰属 Goodyera	绿花斑叶兰 Eucosia viridiflora (Blume) M. C. Pace	Ⅲ级
22	兰科 Orchidaceae	翻唇兰属 Hetaeria	白肋翻唇兰 Hetaeria cristata Bl.	Ⅲ级
23	兰科 Orchidaceae	绶草属 Spiranthes	绶草 Spiranthes sinensis (Pers.) Ames	Ⅲ级
24	兰科 Orchidaceae	贝母兰属 Coelogyne	流苏贝母兰 Coelogyne fimbriata Lindl.	Ⅲ级
25	兰科 Orchidaceae	羊耳蒜属 Liparis	镰翅羊耳蒜 Liparis bootanensis Griff.	Ⅲ级
26	兰科 Orchidaceae	羊耳蒜属 Liparis	见血青 Liparis nervosa (Thunb. ex A. Murray) Lindl.	Ⅲ级
27	兰科 Orchidaceae	羊耳蒜属 Liparis	香花羊耳蒜 Liparis odorata (Willd.) Lindl.	Ⅲ级
28	兰科 Orchidaceae	石豆兰属 Bulbophyllum	广东石豆兰 Bulbophyllum kwangtungense Schltr.	Ⅲ级
29	兰科 Orchidaceae	厚唇兰属 Epigeneium	单叶厚唇兰 Epigeneium fargesii (Finet) Gagnep.	Ⅲ级

（续）

序号	科名	属名	种名	优先保护等级
30	兰科 Orchidaceae	虾脊兰属 Calanthe	钩距虾脊兰 Calanthe graciliflora Hayata	Ⅲ级
31	兰科 Orchidaceae	虾脊兰属 Calanthe	黄花鹤顶兰 Calanthe flavus (Bl.) Lindl.	Ⅲ级
32	兰科 Orchidaceae	吻兰属 Collabium	台湾吻兰 Collabium formosanum Hayata	Ⅲ级
33	兰科 Orchidaceae	苞舌兰属 Spathoglottis	苞舌兰 Spathoglottis pubescens Lindl.	Ⅲ级
34	兰科 Orchidaceae	带唇兰属 Tainia	带唇兰 Tainia dunnii Rolfe	Ⅲ级
35	兰科 Orchidaceae	隔距兰属 Cleisostoma	大序隔距兰 Cleisostoma paniculatum (Ker-Gawl.) Garay	Ⅲ级
36	金缕梅科 Hamamelidaceae	马蹄荷属 Exbucklandia	大果马蹄荷 Exbucklandia tonkinensis (Lec.) Steenis	Ⅲ级
37	豆科 Fabaceae	黄檀属 Dalbergia	黄檀 Dalbergia hupeana Hance	Ⅲ级
38	蔷薇科 Rosaceae	苹果属 Malus	台湾林檎 Malus melliana (Hand.-Mazz.) Rehd.	Ⅲ级
39	桦木科 Betulaceae	桦木属 Betula	亮叶桦 Betula luminifera H. Winkl.	Ⅲ级
40	壳斗科 Fagaceae	柯属 Lithocarpus	木姜叶柯 Lithocarpus litseifolius (Hance) Chun	Ⅲ级
41	杜英科 Elaeocarpaceae	杜英属 Elaeocarpus	中华杜英 Elaeocarpus chinensis (Gardn. et Champ.) Hook. f. ex Benth.	Ⅲ级
42	杜英科 Elaeocarpaceae	杜英属 Elaeocarpus	杜英 Elaeocarpus decipiens Hemsl.	Ⅲ级
43	杜英科 Elaeocarpaceae	杜英属 Elaeocarpus	褐毛杜英 Elaeocarpus duclouxii Gagnep.	Ⅲ级
44	杜英科 Elaeocarpaceae	杜英属 Elaeocarpus	秃瓣杜英 Elaeocarpus glabripetalus Merr.	Ⅲ级
45	杜英科 Elaeocarpaceae	杜英属 Elaeocarpus	日本杜英 Elaeocarpus japonicus Sieb. et Zucc.	Ⅲ级
46	杜英科 Elaeocarpaceae	猴欢喜属 Sloanea	猴欢喜 Sloanea sinensis (Hance) Hemsl.	Ⅲ级
47	古柯科 Erythroxylaceae	古柯属 Erythroxylum	东方古柯 Erythroxylum sinense Y. C. Wu	Ⅲ级
48	杨柳科 Salicaceae	天料木属 Homalium	天料木 Homalium cochinchinense (Lour.) Druce	Ⅲ级
49	藤黄科 Clusiaceae	藤黄属 Garcinia	多花山竹子 Garcinia multiflora Champ. ex Benth.	Ⅲ级
50	叶下珠科 Phyllanthaceae	秋枫属 Bischofia	重阳木 Bischofia polycarpa (Levl.) Airy Shaw	Ⅲ级
51	桃金娘科 Myrtaceae	蒲桃属 Syzygium	赤楠 Syzygium buxifolium Hook. et Arn.	Ⅲ级
52	桃金娘科 Myrtaceae	蒲桃属 Syzygium	轮叶蒲桃 Syzygium grijsii (Hance) Merr. et Perry	Ⅲ级
53	无患子科 Sapindaceae	槭属 Acer	三角槭 Acer buergerianum Miq.	Ⅲ级
54	无患子科 Sapindaceae	槭属 Acer	樟叶槭 Acer coriaceifolium Lévl.	Ⅲ级
55	无患子科 Sapindaceae	无患子属 Sapindus	无患子 Sapindus saponaria Linnaeus	Ⅲ级
56	青皮木科 Schoepfiaceae	青皮木属 Schoepfia	青皮木 Schoepfia jasminodora Sieb. et Zucc.	Ⅲ级
57	蓝果树科 Nyssaceae	蓝果树属 Nyssa	蓝果树 Nyssa sinensis Oliv.	Ⅲ级
58	五列木科 Pentaphylacaceae	杨桐属 Adinandra	杨桐 Adinandra millettii (Hook. et Arn.) Benth. et Hook. f. ex Hance	Ⅲ级

序号	科名	属名	种名	优先保护等级
59	五列木科 Pentaphylacaceae	厚皮香属 *Ternstroemia*	厚皮香 *Ternstroemia gymnanthera* (Wight et Arn.) Beddome	Ⅲ级
60	报春花科 Primulaceae	紫金牛属 *Ardisia*	血党 *Ardisia brevicaulis* Diels	Ⅲ级
61	山茶科 Theaceae	核果茶属 *Pyrenaria*	小果石笔木 *Pyrenaria microcarpa* (Dunn) H. Keng	Ⅲ级
62	木樨科 Oleaceae	木樨属 *Osmanthus*	桂花 *Osmanthus fragrans* (Thunb.) Loureiro	Ⅲ级
63	龙胆科 Gentianaceae	龙胆属 *Gentiana*	条叶龙胆 *Gentiana manshurica* Kitag.	Ⅲ级
64	冬青科 Aquifoliaceae	冬青属 *Ilex*	铁冬青 *Ilex rotunda* Thunb.	Ⅲ级
65	杜鹃花科 Ericaceae	杜鹃花属 *Rhododendron*	云锦杜鹃 *Rhododendron fortunei* Lindl.	Ⅲ级
66	伞形科 Apiaceae	前胡属 *Peucedanum*	白花前胡 *Peucedanum praeruptorum* Dunn	Ⅲ级
67	五味子科 Schisandraceae	南五味子属 *Kadsura*	黑老虎 *Kadsura coccinea* (Lem.) A. C. Smith	Ⅲ级
68	堇菜科 Violaceae	堇菜属 *Viola*	小尖堇菜 *Viola mucronulifera* Hand.–Mazz.	Ⅲ级
69	楝科 Meliaceae	香椿属 *Toona*	红花香椿 *Toona fargesii* A. Chevalier	Ⅲ级
70	凤仙花科 Balsaminaceae	凤仙花属 *Impatiens*	湖南凤仙花 *Impatiens hunanensis* Y. L. Chen	Ⅲ级

中文名索引

江西九连山珍稀保护植物图谱

学名索引

学名索引

致　谢

本书获中央财政林业国家自然保护区补贴项目、中国国家标本资源平台(National Specimen Information Infrastructure)、江西维管植物名录及江西数字植物标本馆建设专项（项目编号2005DKA21400）、国家林草局江西兰科植物调查（项目编号ZQT2021080401）、江西省林业局兰科植物资源补充专项调查（项目编号ZKJ20220801002）、赣州市国家重点保护野生植物资源调查项目（项目编号GZJG-GZ-C009）、康泰司法鉴定中心资助。

感谢江西农业大学杜天真教授、南昌大学杨柏云教授、赣南师范大学刘仁林教授、江西农业大学张露教授、江西农业大学杨清培教授、赣南师范大学李中阳副教授在本书编写时提供宝贵的意见和建议；感谢南昌大学杨柏云教授、江西中医药大学刘勇教授、华南植物园陈红锋研究员、华南植物园邓双文博士、江西农业大学阳亿博士、中国科学院庐山植物园陈春发博士、中国热带农业科学院袁浪兴博士、大余县科协曹人智工程师提供照片；感谢龙南市林业局、龙南市九连山镇政府在调查过程中给予的支持。

编者

2022年10月